RHEINISCH WESTFÄLISCHE AKADEMIE DER WISSENSCHAFTEN

AF792452

Rheinisch-Westfälische Akademie der Wissenschaften

Natur-, Ingenieur- und Wirtschaftswissenschaften Vorträge · N 317

Herausgegeben von der
Rheinisch-Westfälischen Akademie der Wissenschaften

WILFRIED KÖNIG

Fertigungstechnologie in den neunziger Jahren

MANFRED WECK

Werkzeugmaschinen im Wandel

Westdeutscher Verlag

298. Sitzung am 7. Juli 1982 in Düsseldorf

CIP-Kurztitelaufnahme der Deutschen Bibliothek

König, Wilfried:

Fertigungstechnologie in den neunziger Jahren / Wilfried König. Werkzeugmaschinen im Wandel / Manfred Weck. – Opladen: Westdeutscher Verlag, 1983.

(Vorträge / Rheinisch-Westfälische Akademie der Wissenschaften: Natur-, Ingenieur- u. Wirtschaftswiss.; N 317)

NE: Rheinisch-Westfälische Akademie der Wissenschaften (Düsseldorf): Vorträge / Natur-, Ingenieur- und Wirtschaftswissenschaften; Weck, Manfred: Werkzeugmaschinen im Wandel

© 1983 by Westdeutscher Verlag GmbH Opladen

Herstellung: Westdeutscher Verlag

Satz, Druck und buchbinderische Verarbeitung: Boss-Druck, Kleve

ISSN 0066-5754

ISBN-13: 978-3-531-08317-9 e-ISBN-13: 978-3-322-85610-4

DOI: 10.1007/978-3-322-85610-4

Inhalt

Fertigungstechnologie in den neunziger Jahren – Ziele und Erfolgschancen

von *Wilfried König*, Aachen

Die zunehmende Komplexität technischer Aufgaben und ihrer Lösungen zieht einen erhöhten Bedarf an Wissen über die ihnen zugrunde liegenden Zusammenhänge und Gesetzmäßigkeiten nach sich. Dies gilt auch in besonderem Maße für die industrielle Güterproduktion. Der Fertigungstechnologie, ich möchte sie als Wissen über die notwendigen und möglichen Abläufe zur Umwandlung eines Rohstoffes in ein fertiges Produkt verstanden wissen, wächst somit eine die Produktionsprozesse bestimmende Rolle zu.

Alle bisherigen und wohl auch die meisten der zukünftigen Innovationen der Fertigungstechnik weisen einen kontinuierlichen, evolutionären Entwicklungsweg auf, wenngleich einige dieser Wege mit außerordentlich hohen Geschwindigkeiten zurückgelegt wurden. In einen Ausblick auf die Fertigungstechnologie der näheren Zukunft muß daher notwendigerweise eine Analyse der zurückliegenden und gegenwärtigen Entwicklung einfließen. Die Abstraktion der Ursachen für aktuelle Erfolge ist eine der Orientierungsmöglichkeiten im Hinblick auf fernere Ziele.

Zu allen Zeiten ist es das Bestreben der Produzenten und damit vorrangige Aufgabe der Herstellungstechnologie gewesen, zu wirtschaftlichen Preisen die Erzeugung von Produkten mit hoher und vor allem beherrschter Qualität bei gleichzeitig hohem Gebrauchswert zu ermöglichen. Diese Zielsetzung wird auch in der Zukunft die Richtschnur aller Entwicklungen bleiben, sie wird aber auch durch einige neue Rahmenbedingungen ergänzt werden. Lassen Sie mich von diesen die wesentlichen schlaglichtartig beleuchten:

Die begrenzten Vorräte an Rohstoffen und Energie erfordern einen sparsamen Umgang mit diesen Ressourcen. Diese Forderung ist nicht prinzipiell neu, ist jedoch erst in den letzten Jahren durch die drastischen Preiserhöhungen auf dem Rohstoff- und Energiesektor in das Bewußtsein gerückt worden. Die hierdurch geschaffene Situation erfordert neben den derzeitig sichtbar werdenden Bemühungen auf betrieblicher Ebene ein Überdenken des gesamten Produktionsprozesses vom Rohstoff bis zum Endprodukt.

Die Finanzkraft der Klein- und mittelständischen Industrie, die in der Bundesrepublik mit ca. 90% der Unternehmen das „Rückgrat" des Maschinenbaus stellt, ist mit kapitalintensiven Technologien überfordert. Hier gilt es, einen wirtschaftlich und technisch sinnvollen Kompromiß zwischen hocheffizienter, mechanisierter Fertigung und dem Investitionsvolumen und den daraus resultierenden Kosten für den Kapitaldienst zu finden. Dieser Gedanke, er wurde unter dem Schlagwort „mittlere Technologie" vor Jahren aufgegriffen, ist heute zu Unrecht in den Hintergrund getreten.

Die Variantenvielfalt in der Produktpalette und dynamische Reaktionen des Weltmarktes zwingen zu einem hohen Maß an Flexibilität der Fertigungsmittel. Obwohl allenthalben Anstrengungen unternommen werden, die Teilevielfalt systematisch zu gliedern, ist zu erwarten, daß die Zukunft den vielseitig verwendbaren Fertigungsstrukturen und -maschinen gehören wird. Dies schließt aber nicht aus, daß für spezielle Anwendungen auch weiterhin spezielle Fertigungstechnologien erforderlich sein werden.

Gesundheitliche, physische wie psychische Risikofaktoren am Arbeitsplatz bedingen den verstärkten Einsatz „humaner" Technologien. Gerade diese, sehr oft von verschiedenen Seiten unterschiedlich beurteilte Entwicklung hat der Fertigung bereits entscheidende Impulse verliehen und sie zu neuen Lösungen menschengerechter Technisierung angeregt.

Es wird die Aufgabe der Fertigungstechnologie der nächsten Zukunft sein, diese genannten Ziele zu erreichen. Zu allen Zeiten sah sich die Technik mit hohen Anforderungen konfrontiert und hat in der überwiegenden Zahl der Fälle die ihr gestellten Aufgaben gelöst. Hierzu hat sie sich der vielfältigsten Mittel und Wege bedient. Es liegt in der Natur der Technik allgemein und damit auch der Fertigungstechnik, daß viele Lösungsmöglichkeiten zum Ziel führen können. Dennoch haben alle Entwicklungsschritte, die in Vergangenheit und Gegenwart Erfolge erzielten, einige prinzipielle Vorgehensweisen gemeinsam. Die ständige Wechselwirkung zwischen Theorie und Praxis, die gerade für die Fertigungstechnologie typisch ist, bringt es mit sich, daß in eine Problemlösung stets mehrere Denkansätze einfließen, die eine Entwicklung in unterschiedlicher Art und Weise beeinflussen. Hinzu kommt, daß alle bisher angewendeten Fertigungstechniken niemals den Charakter einer endgültigen Lösung tragen, sondern sich vielmehr in einer ständigen Weiterentwicklung befinden. Lassen Sie mich daher in der Form einer „Momentaufnahme" einige charakteristische Merkmale solcher Lösungswege darlegen und mit Beispielen aus jüngster Zeit belegen, die erfolgversprechende Ansätze für die Zukunft in sich tragen.

Die technische Nutzung bekannter Wirkprinzipien hat Produktionstechniken mit speziellen Eigenschaften und Vorzügen hervorgebracht. So ist zu erinnern an die technische Nutzung des elektrischen Funkenüberschlages im EDM-Prozeß oder an den ECM-Prozeß, den uns Faraday bereits elementar beschrieben hat.

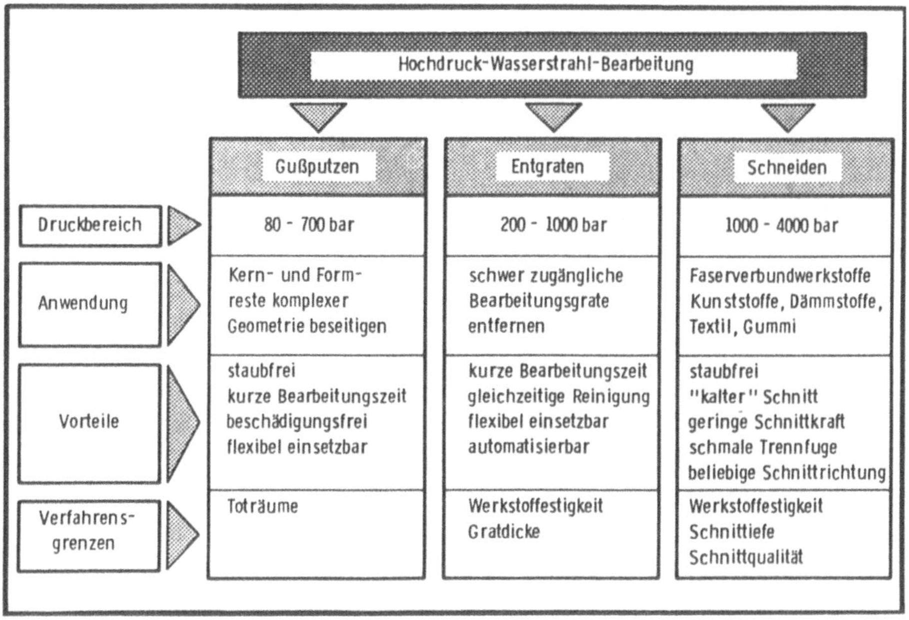

Bild 1: Einsatzgebiete des Hochdruck-Wasserstrahls

Ein augenfälliges und aktuelles Beispiel dieser Methodik stellt das Hochdruckwasserstrahlschneiden dar. Hier wird, wie Tafel I a) veranschaulicht, die kinetische Energie eines gebündelten Flüssigkeitsstrahles hoher Geschwindigkeit ausgenutzt. Dieses Verfahren steht heute nach einer mehrjährigen Entwicklungsphase am Anfang seines industriellen Einsatzes. Obwohl es schon seit der Jahrhundertwende Versuche gegeben hat, Wasser als Werkzeug einzusetzen, hat erst die Entwicklung leistungsfähiger Pumpen und Hochdruckkomponenten in jüngerer Zeit die Voraussetzung für die Produktion serienreifer Schneidanlagen geschaffen. Selbst bei dem jetzigen, noch vergleichsweise geringen Erfahrungs- und Entwicklungsstand stellt diese Trenntechnik aufgrund ihrer spezifischen Eigenschaften eine technisch und wirtschaftlich sinnvolle Alternative zu den konventionellen Verfahren dar. Bei dem hier dargestellten Arbeitsbeispiel einer Abdeckplatte besteht die Aufgabe darin, eine Asbestzementplatte mit einem Innenausschnitt und einem Konturschnitt zu versehen und maßgenau zu besäumen. Bei konventioneller mechanischer Bearbeitung bereitet dieser Werkstoff Probleme durch seine hohe Bruchempfindlichkeit, durch gefährliche Staubemission und die stark abrasiv wirkenden Asbestanteile. Die Wasserstrahlschneidtechnik bietet hier eine sichere und umweltfreundliche Lösung.

Da sich die Energiedichte und die Gesamtenergie eines gerichteten Flüssigkeitsstrahles durch Wahl der Parameter Druck und Düsendurchmesser auf einfache

Weise in weiten Grenzen variieren lassen, eröffnen sich dem Hochdruckwasserstrahl die in Bild 1 genannten Einsatzbereiche Gußputzen, Entgraten und Schneiden. Zum Entfernen von Kern- und Formresten komplexer Geometrie wird der Wasserstrahl mit recht geringen Drücken von 80–700 bar auf das Gußteil gelenkt. Die Bearbeitung erfolgt staub- und beschädigungsfrei bei gegenüber chemischen Verfahren wesentlich geringeren Hauptzeiten und kurzen Umrüstzeiten bei Wechsel der Werkstückgeometrie. Mit mittleren Wasserdrücken von 200–1000 bar wird der Wasserstrahl zu einem leistungsfähigen Entgratwerkzeug, das auch das Entfernen schwer zugänglicher Bearbeitungsgrate wie in Kreuzbohrungen und Leichtmetall-Druckgußteilen mit dünnen Stegen gestattet. Während diese beiden Einsatzfälle durch mäßigen Wasserdruck und durch eine geringe Richtungsempfindlichkeit gekennzeichnet sind, zeichnet sich die bereits angesprochene Technik des Schneidens durch hohe Drücke von maximal 4000 bar bei geringen Düsendurchmessern im Bereich von 0,1–0,3 mm aus. Aus dieser Wirkungscharakteristik resultiert trotz hoher Leistungsdichte eine geringe Krafteinleitung in das Werkstück und damit eine geringe Verzugsgefahr sowie eine schmale Trennfuge. Durch die Verwendung von Wasser als Wirkmittel bleibt die thermische Beeinflussung auf einem niedrigen Niveau, weiterhin wird eine Staubbildung verhindert. Durch den derzeit in industriellen Anlagen verfügbaren Pumpendruck von max. 4000 bar bleibt der Einsatz jedoch auf nichtmetallische Werkstoffe und Schnittiefen von 20 bis 60 mm begrenzt.

Ein ähnlich flexibles Werkzeug, jedoch auf der Einbringung thermischer Energie basierend, stellt der Laser dar. Der Systemaufbau einer solchen Anlage ist in Bild 2 zusammengestellt. Die Flexibilität dieses Werkzeuges beruht neben den speziellen Eigenschaften des Laserlichtes auf der verhältnismäßig einfach realisierbaren Anpassung der externen Komponenten Spiegel, Fokussieroptik und Handhabungssystem an die jeweilige Bearbeitungsaufgabe. Das im Resonator erzeugte Licht wird durch das Strahlführungssystem zu dem an der Werkstückoberfläche erforderlichen Querschnitt gebündelt; das Handhabungssystem erzeugt die Relativbewegung zwischen Werkstück und Strahl. Es ist zu erwarten, daß die bisher verwendeten, aus verfügbaren Elementen der Mechanik und Optik zusammengesetzten Einheiten in Zukunft durch speziell für die Laserbearbeitung konzipierte Komponenten ersetzt werden. Die hiermit möglichen mehrachsigen Bewegungen, optimierten Strahlformen und hohen Geschwindigkeiten werden das Einsatzgebiet des Lasers erheblich vergrößern. Weitere Fortschritte sind durch die Entwicklung von CO_2-Lasern höherer Leistung und besserer Strahlqualität abzusehen.

Für die Durchführung der möglichen Bearbeitungsaufgaben, von denen bisher das Schweißen, Schneiden und Oberflächenbehandeln erschlossen wurden, sind, wie in Bild 3 dargestellt, die energiebestimmenden Parameter Leistungsdichte und Einwirkzeit von entscheidender Bedeutung. Eine Erhöhung der verfügbaren Lei-

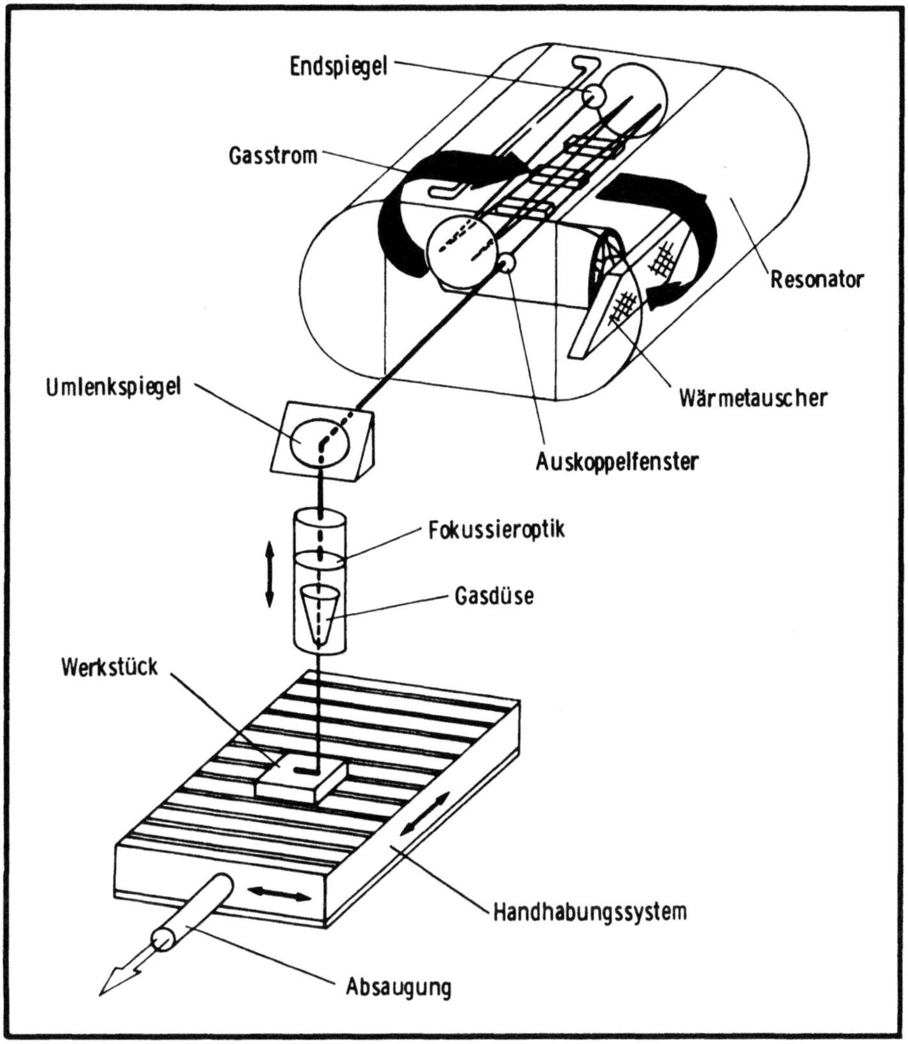

Bild 2: Systemaufbau einer Laserbearbeitungsanlage

stungsdichte gestattet eine Verschiebung der derzeitigen, schraffiert eingezeichneten Einsatzbereiche zu wesentlich kürzeren Einwirkzeiten und damit höheren Arbeitsgeschwindigkeiten. Neben dem wirtschaftlichen Vorteil durch die Verringerung der Hauptzeiten sind hierdurch technologische Vorzüge in Form der Erzeugung neuer Materialstrukturen mit herausragenden Eigenschaften zu erzielen.

Als Beispiel hierfür sei das sog. Laser-glazing genannt, bei dem durch die extrem hohe Abkühlungsgeschwindigkeit aus der Schmelze sehr kleine Korngrößen bis hin zu amorphen Phasen (metallische Gläser) entstehen. Diese Behandlung kommt sowohl für unbeschichtete als auch für beschichtete Metalle in Frage. Weitere Mög-

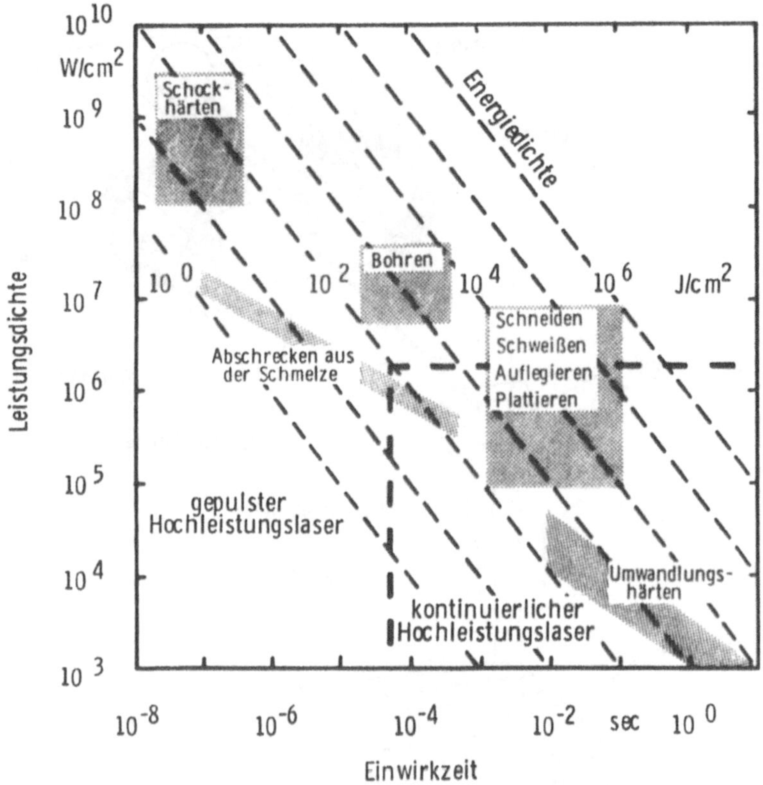

Bild 3: Einsatzbereich des Lasers als thermisches Werkzeug (nach United Technologies)

lichkeiten eröffnen sich durch die gezielte Zulegierung von korrosions- und verschleißfesten Elementen wie z.B. Palladium in Titangrundwerkstoffe als Ersatz für die teuren Ti-Pd-Legierungen. Eine ähnliche Substitution homogener Werkstoffe durch das Plattieren preiswerter Grundkörper mit hochwertigem Oberflächenmaterial mittels Laser wird in den kommenden Jahren angestrebt. Solche und ähnliche Techniken werden auch mit dem Zwang zur Ressourcenschonung einen höheren Stellenwert erhalten. Von all diesen aufgezeigten Entwicklungstendenzen apparativer oder technologischer Natur kann jedoch gesagt werden, daß sie erst den Anfang einer weitverbreiteten Nutzung des Lasers in der Fertigungstechnik darstellen.

Als thermisches Werkzeug steht der Laser in direkter Konkurrenz zu den beiden anderen Strahlverfahren Plasmastrahl und Elektronenstrahl. Die Zusammenstellung der Einsatzbereiche aller Strahlverfahren in Bild 4 weist den Laser als universellstes Verfahren aus. Das Elektronenstrahlverfahren bietet zwar gegenüber dem Laser Vorteile beim Schweißen und Perforieren hinsichtlich der bearbeitbaren

Bearbeitungs-Operation		Grenz-kriterium	Wirtschaftlicher Arbeitsbereich		
			Elektronen-strahl	Laser-strahl	Plasma-strahl
Oberflächenbehandeln durch Gefügeumwandlung im festen Zustand	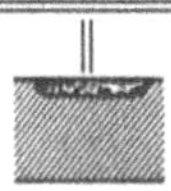	Behandlungstiefe z. B. Härtetiefe	etwa 0,3 bis 1 mm	etwa 0,1 bis 1 mm	etwa 0,5 bis 1 mm
Oberflächenbehandeln durch Aufschmelzen und rasches Wiedererstarren	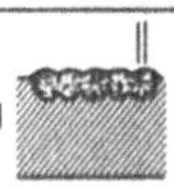	Aufschmelztiefe	etwa 0,8 bis 8 mm	etwa 0,5 bis 5 mm	etwa 0,8 bis 2,5 mm
Schmelzschweißen	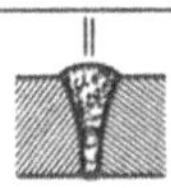	Materialdicke	bis zu etwa 150 mm	bis zu etwa 12 mm	bis zu etwa 10 mm
Perforieren	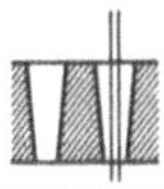	Materialdicke Lochdurchmesser	bis zu etwa 10 mm etwa 0,1 bis 1,2 mm	bis zu etwa 2 mm etwa 0,1 bis 1,2 mm	—
Schneiden	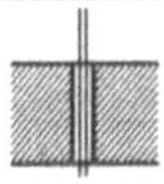	Materialdicke	—	bis zu etwa 8 mm	unleg. Baustahl bis zu etwa 25 mm 18/8-Cr-Ni-Stahl bis zu etwa 60 mm

Bild 4: Strahlen als thermisch wirkendes Werkzeug

Materialdicke und der Arbeitsgeschwindigkeit, ist jedoch für die Bearbeitungsoperation Schneiden nicht einzusetzen. Weiterhin erfordert die zur Funktion notwendige Vakuumkammer einen hohen apparativen Aufwand und verursacht Nebenzeiten durch das Evakuieren. Der Plasmastrahl hingegen ist einfach zu handhaben und dem Laser beim Schneiden im Bereich höherer Materialdicken überlegen, eignet sich jedoch weniger zur Oberflächenbehandlung und nicht zum Bohren.

Zurückkehrend zum Grundgedanken: „Welche erfolgversprechenden Strategien technologischen Fortschritts lassen sich aus der gegenwärtigen Situation abstrahieren?" möchte ich nun auf einen weiteren Schwerpunkt zu sprechen kommen:

Der gezielte Einsatz spezifischer Materialeigenschaften führt zur Entwicklung von Fertigungsmitteln, speziell Werkzeugen, mit außerordentlichen Leistungen. In der Mehrheit der Fälle sind die Anforderungen an ein Werkzeug derart vielschichtig und teilweise gegenläufig, daß sie durch keinen Werkstoff in idealer Weise erfüllt werden. Ein Schneidstoff soll zur Erfüllung seiner Aufgabe hohe Härte, Druckfestigkeit, Zähigkeit, Biegefestigkeit, Warmfestigkeit, Abriebfestigkeit und geringe Diffusions- und Klebneigung aufweisen, Eigenschaften, die in ihrer Kombination mit den bekannten Werkstoffen nicht zu realisieren sind. Die derzeitigen und auch die zukünftigen Bestrebungen zielen daher darauf ab, entweder durch eine Kombination verschiedener Materialien die für den jeweiligen Einsatzfall bestmöglichen Eigenschaften zu erzielen, oder aber die Nachteile geeigneter Werkstoffe durch das Herstellungsverfahren zu kompensieren. Die Erfolge dieses Denkansatzes, der in der Entwicklung beschichteter Werkzeuge und polykristalliner Schneidstoffe seinen Niederschlag gefunden hat, bestätigt die Richtigkeit dieses Konzepts. Im folgenden soll dieses anhand zweier Beispiele näher erläutert werden:

Die Arbeitsbedingungen eines Bohrwerkzeuges stellen hohe Ansprüche an den Werkstoff hinsichtlich Härte, Zähigkeit, Verschleißfestigkeit, Torsions- und Biegesteifigkeit sowie thermischer Beständigkeit unter Wechselbeanspruchung.

Bis zu einem gewissen Grade erfüllen die Schnellarbeitsstähle diese Kriterien bei gleichzeitig kostengünstiger Herstellung und Wiederaufbereitungsmöglichkeit. Aus diesem Grunde hat sich dieser Werkstoff auch gegen die höherwertigen Hartmetallspiralbohrer behaupten können. Trotz aller Fortschritte in den Herstellungsverfahren für Schnellarbeitsstähle, wie z.B. das Elektroschlackenumschmelzverfahren und die Pulvermetallurgie, verhindern die relativ niedrige Warmfestigkeit und Verschleißfestigkeit des Schnellstahls eine Steigerung der Schnittbedingungen. Eine Verbesserung des Verschleißverhaltens läßt sich zwar mit einer Oberflächenbehandlung durch Nitrieren und Anlassen erzielen, jedoch limitiert die Anlaßbeständigkeit die zulässige Schneidentemperatur auf max. 600 °C und setzt damit einer Steigerung der Schnittgeschwindigkeit Grenzen. Eine hohe thermische und chemische Beständigkeit sowie Verschleißfestigkeit weisen hingegen die spröden Hartstoffe wie Karbide und Nitride auf. Diese gegensätzlichen Eigenschaften der beiden Materialien lassen sich durch die Beschichtung eines zähen Grundkörpers aus Schnellarbeitsstahl mit Titannitrid in hervorragender Weise kombinieren. Tafel Ib) zeigt auf der linken Seite einen Vergleich der Verschleißzustände blanker, nitrierter und mit Titannitrid beschichteter HSS-Bohrer nach einem Bohrweg von 3 m. Der blanke Bohrer ist besonders an der Schneidenecke bereits stark verschlissen, der nitrierte Bohrer weist einen geringeren, jedoch an der Schneidenecke einen immer noch erheblichen Freiflächenverschleiß auf. Der beschichtete Bohrer ist hingegen nahezu unbeschädigt. Selbst nach 8 m Bohrweg ist die Schneidenecke noch weitgehend intakt, während die anderen Bohrer hier bereits erlegen waren. Neben dem erheblich gesteigerten Verschleißwiderstand der Hartschicht ist für diese Standwegverbesserung auch der geringere Reibungskoeffizient zwischen Stahl und Titannitrid verantwortlich, der sich in der Verringerung des Drehmomentes und der Vorschubkraft niederschlägt. Die beschichteten Bohrer erlauben somit höhere Schnittbedingungen.

Die Ära der Beschichtungstechnik hat aber erst begonnen. Weitergehende Erfolge sind neben der Verwendung weiterer Hartstoffe durch die Mehrlagenbeschich-

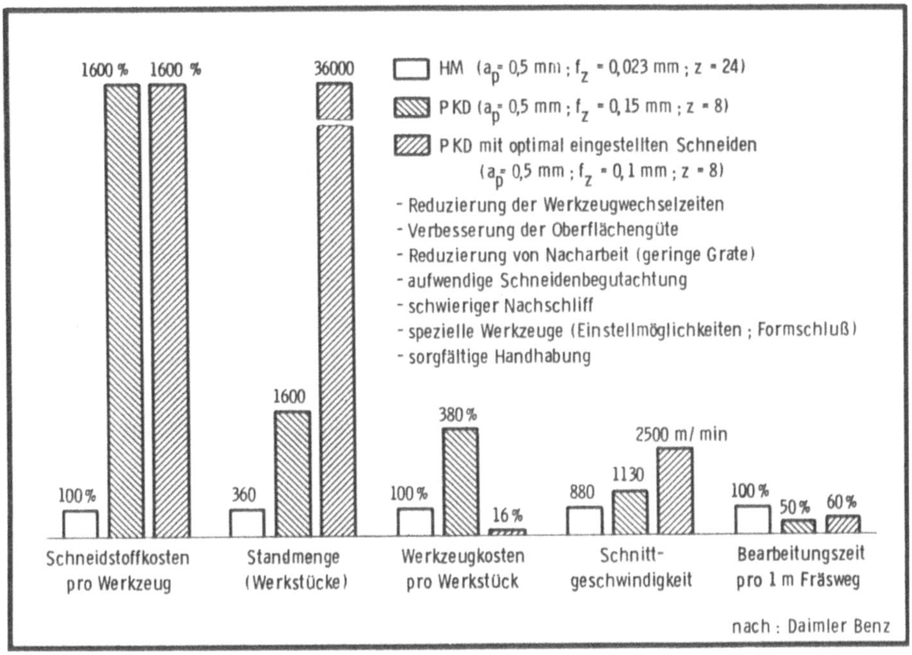

Bild 5: Vergleich von HM und PKD beim Fräsen der Aluminiumlegierung GK-AlSi17Cu4Mg

tung, d. h. die Kombination verschiedener Hartstoffschichten, z. B. aus Titankarbid, Titannitrid und Aluminiumoxid, zu erreichen.

Der härteste natürliche Werkstoff, der Diamant, ist durch seine außerordentliche Verschleißfestigkeit ein ebenfalls geeigneter Schneidwerkstoff. Durch seine anisotropen Eigenschaften ist der monokristalline Diamant jedoch sowohl in der Formgebung durch Schleifen als auch bei seinem Einsatz als Schneide sehr richtungsempfindlich und anfällig gegen Biegebelastung. Dieser Nachteil wird durch die statistisch regellose Anordnung vieler Diamantkörner in dem synthetisch hergestellten polykristallinen Diamant (PKD) kompensiert. Der auf diese Weise hergestellte Schneidstoff weist ein nahezu isotropes Verhalten bei nur geringfügig verringerter Härte und verbesserter Zähigkeit auf. Er wird vorteilhaft zur Bearbeitung hochsiliziumhaltiger Aluminiumlegierungen eingesetzt.

Die Fräsbearbeitung eines solchen Werkstoffes, der sich durch seine ausgeprägte Hart-Weichstruktur auszeichnet, liegt dem Leistungsvergleich zwischen Hartmetall und PKD in Bild 5 zugrunde. Infolge der hohen Härte erreicht die PKD-Schneide die 4,5fache Standzeit des Hartmetallwerkzeuges und erlaubt eine wesentlich höhere Schnittgeschwindigkeit. Werden die polykristallinen Werkzeuge sorgfältig ausgewählt und eingestellt, wird eine weitere Steigerung der Schnittgeschwindigkeit und vor allem die 100fache Standmenge des Hartmetallwerkzeuges erreicht. Diese außerordentliche Standmengensteigerung hat trotz der ebenfalls außerordentlich hohen Schneidstoffkosten eine deutliche Verringerung der anteiligen Werkzeugkosten zur Folge. Werden hingegen die Schneiden nicht sorgfältig gehandhabt, ist eine Erhöhung des Werkzeugkostenanteils zu verzeichnen. Die Bearbeitungszeit wird zwar durch den erhöhten Einstellaufwand geringfügig vergrößert, liegt jedoch mit ca. 60% immer noch deutlich unter dem Wert, der beim Einsatz von Hartmetall erzielt wird.

Ähnliche Eigenschaften wie Diamant weist das synthetisch hergestellte kubischkristalline Bornitrid (CBN) auf, dessen Gitterstruktur mit der des Diamanten identisch ist. Folgerichtig wird auch CBN als Schneidstoff in polykristalliner Form verwendet. Durch seine geringe Affinität zu Eisen ist er im Gegensatz zu Diamant zur Stahlbearbeitung verwendbar und aufgrund seiner hohen Warmbeständigkeit zur Zerspanung hochharter Werkstoffe geeignet. Er wird in Zukunft zunehmend genutzt werden.

Mit der nächsten grundsätzlichen Aussage, daß der Verbindung von *Gestalterzeugung und Eigenschaftsänderung* in Zukunft mehr Aufmerksamkeit geschenkt werden wird, möchte ich mich dem Einfluß des Fertigungsverfahrens auf die Gebrauchseigenschaften des Werkstücks zuwenden. Er ist häufig negativ und erfordert daher eine sorgfältige Prozeßführung, Nacharbeit oder bedingt sogar den Wechsel des Verfahrens. Dies trifft häufig auf thermisch wirkende Verfahren wie beispielsweise die funkenerosive Bearbeitung zu. Wird die Wahl der Einstellparameter nicht sorgfältig auf die Bearbeitungsaufgabe abgestimmt, erleidet das Bauteil thermische Schäden in Form von Rissen, wie es bei der auf Tafel II a) dargestellten Ringzacke der Fall ist. Bemerkenswert ist die Tatsache, daß nach der funkenerosiven Bearbeitung das Grundgefüge keine Veränderungen oder Schäden aufwies, lediglich in einer schmalen wiedererstarrten Randzone waren Mikrorisse aufgrund der stark überhöhten Entladeenergie nachzuweisen. Sie sind jedoch für das spätere Bauteilversagen unter Belastung verantwortlich zu machen.

Dies bedeutet jedoch nicht, daß thermische Verfahren grundsätzlich eine negative Auswirkung auf die Lebensdauer hoch beanspruchter Bauteile nach sich ziehen. Vielmehr kann durch eine funktionsgerechte Anwendung der Oberflächeneigenschaften eine Standzeiterhöhung bewirkt werden. Die beiden Beispiele auf Tafel III verdeutlichen, daß die Aufhärtung, die die funkenerosiv hergestellte Oberfläche erfährt, durchaus deren Verschleißwiderstand zu erhöhen vermag. Bei dem im oberen Bildteil dargestellten Stemmer beträgt die erzielte Standzeitverbesserung 20% bei gleichzeitig 50% Kostenersparnis. Weitere Verbesserungen sind zu erzielen, wenn durch eine geeignete Nachbehandlung die thermischen Schädigungen am Werkstück kompensiert werden. Bei dem im unteren Bildteil gezeigten Werkzeug für die Rändelung von Nägeln stieg die Standmenge nach der Umstellung von

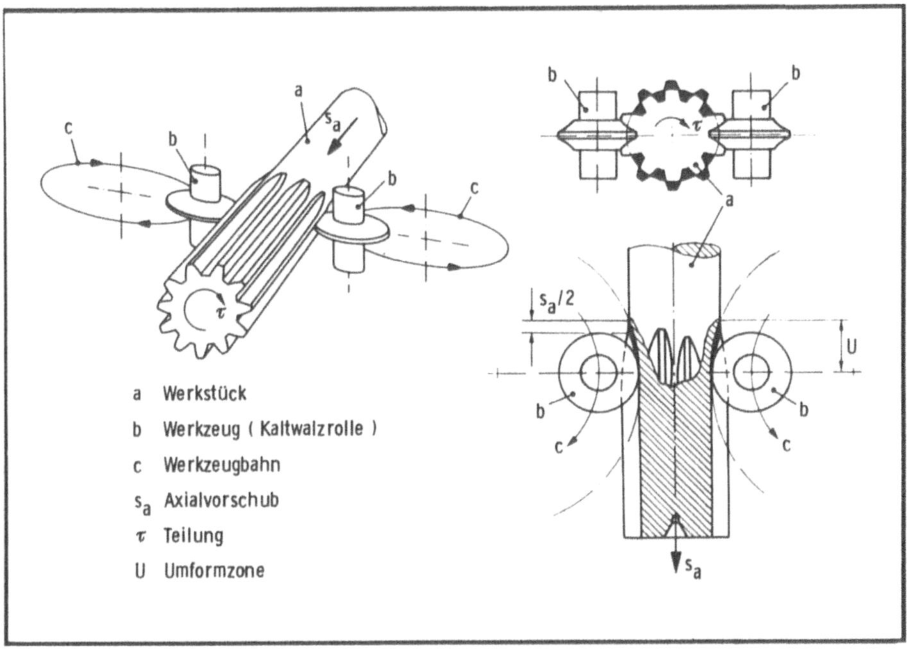

Bild 6: Schematische Darstellung des Kaltwalzvorganges nach dem „Grob-Verfahren"

spanender auf funkenerosive Fertigung zunächst von 4000 auf 12000 Nägel. Die Analyse des Härteverlaufes zeigte jedoch neben einer Aufhärtung der Randzone einen Härteabfall unterhalb der Oberfläche sowie Resteigenspannungen im Werkstück. Durch einen nachgeschalteten Anlaßvorgang stieg die Standmenge weiter auf 400000 Nägel.

Während in den beiden letztgenannten Fällen die Eigenschaften eines ursprünglich zu anderen Zwecken konzipierten Verfahrens nutzbringend ausgenutzt wurden, zeigt das Beispiel des Kaltwalzens von Verzahnungen die konsequente Umkehrung dieser Überlegung. Bei diesem Fertigungsverfahren, dessen Wirkungsweise in Bild 6 schematisch dargestellt ist, wurde der Weg der Gestalterzeugung von Anfang an auf die gewünschten Eigenschaften des Endproduktes ausgelegt. Ausgehend vom Rundmaterial wird hier das Zahnprofil nicht durch Abspanen, sondern durch eine Verdrängung des Werkstoffs aus der Lücke in den Zahn erzeugt. Als Werkzeug dienen hier Walzrollen, die auf Kreisbahnen umlaufen.

Durch die Substitution des spanenden durch den umformenden Prozeß wird neben der Materialersparnis eine erhöhte Tragfähigkeit erreicht. Diese basiert zum einen auf der Kaltverfestigung, die der Werkstoff erfährt, in dem vorliegenden Falle eine Härtesteigerung von 20 bis 30%. Zum anderen gestaltet sich der Faserverlauf im Zahnfuß, wie auf Tafel IV gezeigt wird, wesentlich beanspruchungsgerechter.

Im Gegensatz zu spanender Fertigung, bei der die Fasern in der Lücke durchtrennt werden, passen sie sich bei dem kaltgewalzten Zahn der Kontur an und liegen damit in Richtung der Zahnfußspannungen.

Eingehende Dauerfestigkeitsuntersuchungen zeigten, daß die kaltgewalzte Verzahnung gegenüber der zerspanend gefertigten eine 30% höhere Vergleichsspannung erträgt.

Ich möchte nun übergehen zu einem weiteren Gedanken, der zunehmend zum Ausgangspunkt der Neugestaltung von Fertigungsverfahrensfolgen und der Verfahrenssubstitution wird. Ich meine die wenig schön aber treffend so genannten *„near-net-shape"-Technologien,* denen das Bestreben zugrunde liegt, durch erhöhte Genauigkeit in der Ur- und Umformung der Sollkontur möglichst nahe zu kommen, um nachgeschaltete, spanende Fertigungsschritte weitestgehend einzusparen. Neben dieser Verringerung mechanischer Nacharbeit und der damit verbundenen Reduktion der Fertigungskosten haben vor allem die bessere Materialausnutzung und die günstigeren Festigkeitseigenschaften die Substitution spanender Fertigung durch Umformverfahren vorangetrieben. Voraussetzung hierfür war die beträchtliche Genauigkeitssteigerung, die die Umformtechnik in den letzten Jahren erfahren hat. Hierzu haben eine Reihe von Einzelentwicklungen beigetragen, wie etwa engere Toleranzen bei der Werkzeugfertigung, leistungsfähige Umformaggregate für das Kaltfließpressen, exakte Temperaturführung für das Halbwarmschmieden, Senkung des Gesenkverschleißes durch bessere Kühlung und Schmierung sowie das Pulverschmieden, um nur die wesentlichsten Faktoren zu nennen. Die Summe dieser Maßnahmen hat in vielen Einzelfällen die Herstellung einbaufertiger Werkstücke in einem zusammenhängenden Arbeitsprozeß ermöglicht.

Ein Beispiel hierfür stellt das auf Tafel IIb) links gezeigte Kegelrad mit angeschmiedeten Zapfen dar. Durch einen nachgeschalteten Kalibriervorgang kann eine Verzahnungsqualität IT 7 sicher gewährleistet werden. In der hier gezeigten einteiligen Bauform ist dieses Zahnrad nur durch Schmieden herstellbar, da der für eine spanende Fertigung unbedingt notwendige Werkzeugauslauf fehlt. Kennzeichnend für die geschmiedeten Verzahnungen ist ihre um bis zu 30% gesteigerte Zahnfußfähigkeit, die im wesentlichen auf den funktionsgerechten Faserverlauf im Werkstück zurückzuführen ist.

Das Präzisionspulverschmieden eröffnet weitere Möglichkeiten, Schmiedeteile mit engen Gewichts- und Formtoleranzen herzustellen (Tafel IIb), rechts). Dieses Verfahren verbindet die freien Formgebungsmöglichkeiten des Sinterns mit den günstigen Festigkeitseigenschaften des Schmiedeteils, sofern eine ausreichende Verdichtung und ein Fließen des Pulvers in der Schmiedephase gewährleistet wird. Die Bauteile zeichnen sich bei der Verwendung von Pulver als Ausgangswerkstoff durch eine hohe Homogenität aus.

Gehen wir weiter in der Reihe fortschrittsträchtiger Linien der fertigungstechnischen Entwicklung, so ist auf einen Komplex einzugehen, der zwar auf herkömmlichen Methoden fußt und im Grunde nur eine quantitative Veränderung der Verfahrensparameter erfährt. Dies geschieht jedoch in einem Ausmaß, daß man durchaus von einem qualitativen Wandel dieser Technologien in den zugrundeliegenden Mechanismen, den Anforderungen an die Werkzeugmaschinen und den erzielbaren Leistungen sprechen kann.

Durch Überschreiten konventioneller Stellbereiche hat der Einsatzbereich konventioneller Fertigungstechniken eine wesentliche Erweiterung erfahren. Ausgangspunkt für diese Entwicklung waren Bearbeitungsaufgaben mit hohem Hauptzeitanteil, wie die Fräsbearbeitung des Aluminiumintegralbauteils auf Tafel Va). Im hier dargestellten Fall werden vom Rohteil, einer Aluminiumplatte, durch Schaftfräsen 95% des anfänglichen Werkstoffvolumens zerspant. In ähnlich gelagerten Bearbeitungsfällen der Flugzeugindustrie liegt der Zerspananteil bei ca. 80–90% des Rohteilgewichtes. Solange keine anderen Verfahren wie beispielsweise die zuvor behandelten Umformtechnologien diesen Aufwand zu reduzieren vermögen, bleibt es eine dringliche Aufgabe, die Bearbeitungszeit für die konventionelle Fertigung zu minimieren. Die Forderung nach Verkürzung der Hauptzeit ist bei der spanenden Fertigung, die hier ausschließlich behandelt werden soll, nur durch eine Erhöhung des pro Zeiteinheit zerspanten Volumens, d. h. durch eine Anhebung des Vorschubes, der Schnittiefe bzw. Zustellung oder der Schnittgeschwindigkeit zu erreichen. Während die mit den derzeitigen Werkzeugmaschinen mögliche Vergrößerung der Spanungsquerschnitte durch Erhöhung von Vorschub bzw. Zustellung erhöhte Schnittkräfte und schlechtere Oberflächenqualitäten hervorruft, bietet die Steigerung der Schnittgeschwindigkeit zur sog. Hochgeschwindigkeitszerspanung einen gangbaren Ausweg. Bemühungen in dieser Richtung sind allenthalben zu verzeichnen und dürften in nächster Zukunft sichtbare Erfolge zeigen. Allgemein gültige Aussagen über die zu erwartenden Schnittgeschwindigkeiten für die verschiedenen Zerspanverfahren, wie sie in Bild 7 zusammengetragen sind, sind schwierig zu treffen und noch mit hohen Unsicherheiten behaftet. Der Grund liegt zum einen darin, daß die bisher ermittelten technologischen Zusammenhänge nicht ohne weiteres auf diese Bereiche zu extrapolieren sind.

Der andere wesentliche Faktor ist die nicht sicher abschätzbare Entwicklung auf dem Werkzeugmaschinen- und Schneidstoffsektor. Hier müssen erst durch Entwicklung geeigneter Spindel-Lagersysteme und Antriebe sowie höchstwarmfester Schneiden die notwendigen Voraussetzungen für die Hochgeschwindigkeitstechnologie geschaffen werden. Erste Ansätze in dieser Richtung deuten darauf hin, daß in absehbarer Zeit die Schnittgeschwindigkeiten um etwa eine Zehnerpotenz über der derzeitigen liegen wird. Dies gilt als sicher für die Bearbeitung von Aluminium-Legierungen.

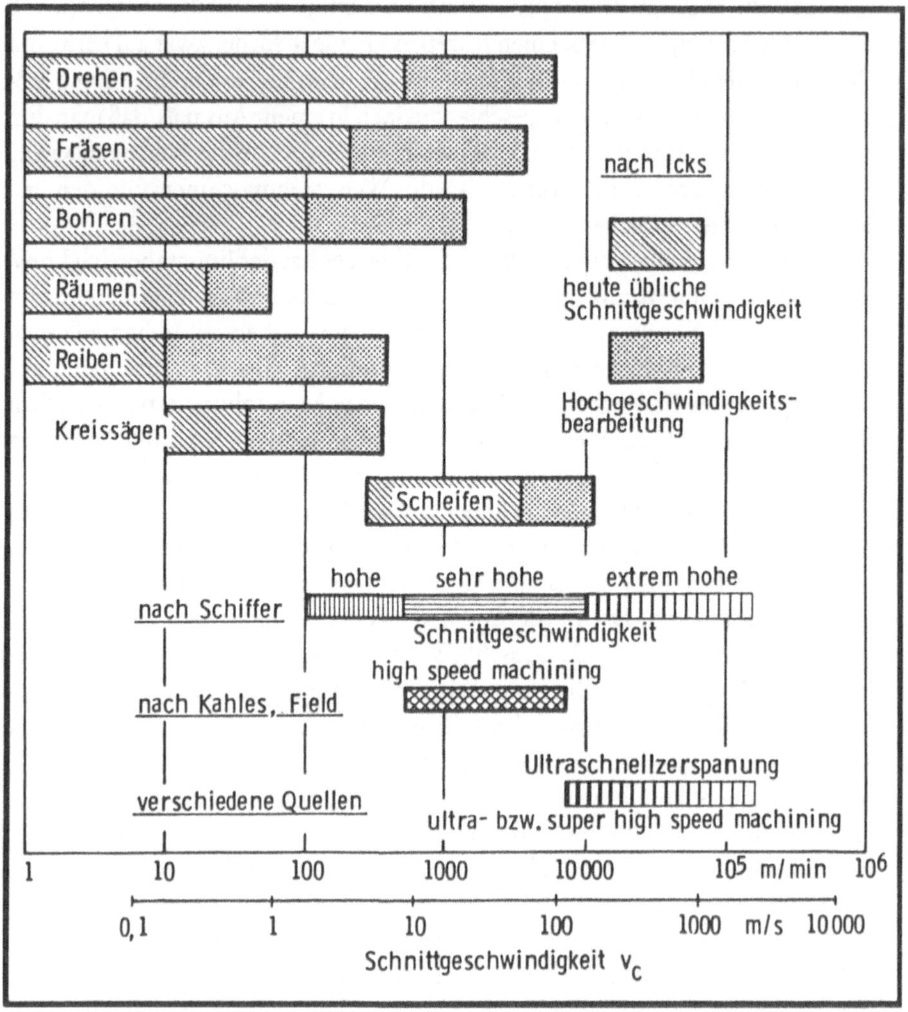

Bild 7: Schnittgeschwindigkeitsbereiche für spanende Fertigungsverfahren

Ein Verfahren, das bereits seit Jahren mit hohen Schnittgeschwindigkeiten arbeitet, ist das Schleifen. In diesem Bereich hat vor allem die Entwicklung der Scheibenwerkstoffe dazu beigetragen, die Zerspanleistungen erheblich zu steigern. Der Vergleich zwischen den Hauptzeiten für das Fräsen bzw. Schleifen von Bohrerwendeln auf Tafel VI belegt, daß die Schnittgeschwindigkeitssteigerung erheblich zur Wirtschaftlichkeit des Verfahrens beiträgt. Die Fertigungszeit pro Nut betrug beim Fräsen des nicht vergüteten Werkstoffs 54 s, durch Hochleistungsschleifen des fertig vergüteten Werkstoffs gelang es, diesen Wert auf 5 s bzw. nach

Verdoppelung der Schnittgeschwindigkeit auf 2,5 s zu senken. Das hierbei erzielte bez. Zeitspanungsvolumen Z ' von 70 bzw. 140 mm^3/mm s stellt jedoch keineswegs das Maximum des derzeit Erreichbaren dar. An dem gleichen Werkstoff wurden unter Laborbedingungen durch Verwendung von CBN-Schleifscheiben anstelle der im Beispiel eingesetzten Halbedelkorundscheibe Zerspanleistungen von Z ' = 100 bis 500 mm^3/mm s erzielt. Dies setzt voraus, daß das Kühlschmiersystem wie in diesem Falle durch Druckkammerzuführung den veränderten Bedingungen angepaßt wird, um Schnittkräfte, Rauheit, Verschleiß und vor allem die Werkstücktemperatur niedrig zu halten.

Dieses Beispiel zeigt, daß die Veränderung des Stellbereiches dem ursprünglichen Feinbearbeitungsverfahren Schleifen die Bereiche der Schruppbearbeitung erschlossen hat.

Ich möchte damit zum nächsten Schwerpunkt kommen, der den vorhin bereits aus anderer Sicht ausgeführten Gedanken der Fertigungsaufgabe als Ganzem und nicht als Folge isolierter Einzelschritte im Blick auf die Konzeption von Werkzeugmaschinen aufgreift.

Die Integration von Fertigungsschritten in einer einzigen Werkzeugmaschine stellt sich als wirksame Maßnahme zur Verringerung der Nebenzeiten und Steigerung der Genauigkeit dar. Das klassische Grundkonzept der Bearbeitungszentren hat durch die Leistungssteigerungen fast aller Fertigungsverfahren neuen Antrieb erhalten. Die in den beiden vorangegangenen Abschnitten erläuterten Beispiele zeigten bereits eine Möglichkeit zur wirtschaftlichen Fertigung in einer Aufspannung auf. In vielen Fällen ist es gelungen, entweder die Fertigungsqualität der Vorbearbeitungsverfahren oder die Abtragsleistung der Fertigbearbeitung soweit zu steigern, daß sie zu einem, meist mehrstufig ausgelegten Prozeß auf derselben Maschine zusammengefaßt werden können. Neben der Verbesserung der Genauigkeit durch den Wegfall von Umspannvorgängen gestattet dieses Konzept eine verstärkte Auslastung der Maschine.

Nicht immer läßt sich jedoch der gesamte Bereich einer Fertigungsaufgabe mit einem einzelnen Verfahren wirtschaftlich abdecken. Als Beispiel hierfür sei die Blechbearbeitung genannt, bei der sowohl gerad- als auch krummlinige Innen- und Außenkonturen herzustellen sind. Die bisher hierzu eingesetzten Techniken Stanzen, Nibbeln und Brennschneiden weisen prinzipbedingt unterschiedliche Einsatzbereiche auf und wurden daher auf verschiedenen Werkzeugmaschinen durchgeführt. Da die Kinematik der Werkstückbewegung in beiden Fällen ähnlich ist, bietet sich eine Kombination wie die auf Tafel V b) gezeigte Stanzeinheit mit integriertem Laserschneidkopf geradezu an. Während die geometrisch einfachen und häufig wiederkehrenden Operationen wie das Lochen oder die Herstellung von Durchbrüchen rationell mit der Stanz-Nibbeltechnik ausgeführt werden, übernimmt der Laser die komplexen Konturbearbeitungen. Bei der in der linken Bildhälfte dargestellten Lochscheibe werden die Durchbrüche gestanzt, lediglich die Außenkontur wird durch Laserschneiden erzeugt. Bei dem Beispiel auf der rechten Seite erfolgt hingegen bis auf die Ausgangslöcher der Schlitze die gesamte Bearbeitung durch den Laserstrahl. Zur Fertigung von Werkstücken mit größeren Materialstärken wird statt des Lasers ein Plasmastrahl eingesetzt, der durch die höheren möglichen Schnittgeschwindigkeiten in diesem Bereich wirtschaftliche Vorteile erbringt. Weitergehende Integrationsmöglichkeiten stehen durch den Einsatz von Umform- und Gewindeschneidwerkzeugen in die Werkzeugwechsler dieser Automaten bereit, so daß nahezu alle Aufgaben der Blechbearbeitung auf einer Maschine durchgeführt werden können.

Abschließend möchte ich eine klassische und gleichermaßen zukünftige Aufgabenstellung der Fertigungstechnologie betonen, die zwar wenig spektakulär ist, in großer Breite verfolgt jedoch die wohl wichtigste Basis der Wettbewerbsfähigkeit unserer Produktionsprozesse darstellt:

Nur durch optimale Abstimmung der Prozeßparameter lassen sich in den konventionellen Technologien erhebliche Reserven nutzbar machen. Trotz aller Fortschritte in den neueren Fertigungstechnologien und deren wünschenswerter Weiterentwicklung entfällt zur Zeit und sicher auch in absehbarer Zukunft ein großer Prozentsatz der Produktionsvorgänge auf die sog. „klassischen“ Techniken. Die unterschiedlichen Bearbeitungsaufgaben, die mit diesen Verfahren gelöst werden sollen, stellen durch die jeweilige Zielsetzung, Gewichtung der einzelnen Zielgrößen und Randbedingung in jedem Einzelfalle neue Anforderungen an die Prozeßführung. In den seltensten Fällen wird es möglich sein, alle Anforderungen, die zum Teil gegensätzlicher Natur sind, in gleicher Weise bestmöglich zu erfüllen. Die vorrangige Aufgabe der Technologie besteht daher darin, die frei wählbaren Bearbeitungsparameter nach vorgegebenen Kriterien optimal an das gewünschte Arbeitsergebnis anzupassen. Eine wesentliche Voraussetzung zur Lösung dieser Aufgabe ist eine fundierte Kenntnis der das Prozeßverhalten bestimmenden Wirkzusammenhänge. Die dazu notwendige Grundlagenforschung verläßt hier das klassische Gebiet der Ingenieurwissenschaften und überschreitet die fließende Grenze zu den „reinen“ Naturwissenschaften Physik und Chemie. Wenn auch auf diesem Sektor große Erfolge erzielt wurden, die zahlreiche der Fortschritte erst ermöglicht haben, eröffnen sich hier noch weitere Arbeitsgebiete. Solange eine hinreichend exakte theoretische Beschreibung des Prozeßverhaltens nicht möglich ist, müssen die für die Optimierung notwendigen Erkenntnisse jedoch halb-empirisch oder empirisch gewonnen werden.

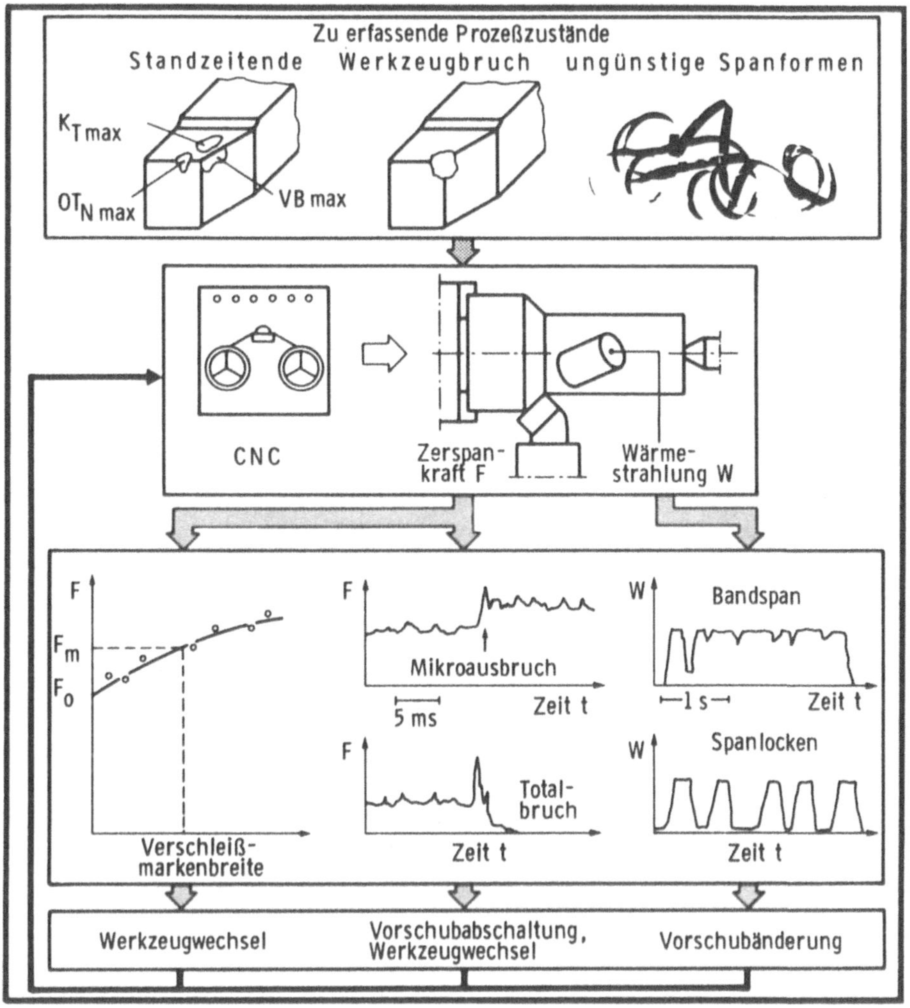

Bild 8: Prozeßüberwachung

Der einfachste, wenn auch zeit- und kostenintensive Weg ist die Ermittlung der für den Einsatzfall optimalen Bearbeitungsbedingungen durch systematische Versuche. Eine höher entwickelte Stufe der Prozeßoptimierung resultiert aus der tieferen Kenntnis der Prozeßzusammenhänge. Diese ermöglicht es, den Prozeß zu überwachen und durch gezielte Beeinflussung in der Nähe des Optimums zu führen. Zusätzlich ergibt sich hieraus die Möglichkeit, den Fertigungsvorgang unbeaufsichtigt ablaufen zu lassen und im Falle einer Störung abzubrechen. Ein solches Konzept erfordert eine frühzeitige und vor allem eine sichere Fehlererkennung durch Sensoren. Für die Drehoperation sind die Möglichkeiten eines solchen Systems in Bild 8 zusammengestellt. Die auftretenden Fehler – Verschleiß bis zum Standzeitende, Werkzeugbruch und ungünstige Spanform – sind während der Bearbeitung nicht direkt meßbar und müssen daher aus anderen, meßbaren Größen hergeleitet werden. Die systematischen Studien des Zerspanvorganges haben Korrelationen zwischen Zerspankraft und Werkzeugverschleiß und -bruch sowie zwischen der zeitlichen Abfolge der Abstrahlung der Spanwärme und der Spanform aufgedeckt, die es ermöglichen, den Verlauf dieser leicht erfaßbaren Größen zur sicheren Diagnose heranzuziehen. Mit ihrer Hilfe und der hochentwickelten Elektronik ist es möglich geworden, den Drehprozeß weitgehend zu optimieren und zu automatisieren. Dieses Konzept, das in ähnlicher Form für weitere Fertigungsverfahren Anwendung findet, hat in ausführlichen Testreihen seine Praxistauglichkeit bereits bewiesen.

Die Produktivität und Prosperität der Unternehmen wird entscheidend vom Technologiestandard bestimmt werden. Der oft zitierte Satz von Artur Schlesinger: „Die Dividenden der Aktionäre hängen an den Schneiden der Werkzeuge" hat immer noch Gültigkeit, auch wenn diese Schneiden heute teilweise eine andere Gestalt annehmen. Diesem fortschreitenden Technologiebedarf kann nur durch Anstrengungen in Forschung und Entwicklung entsprochen werden. Hierzu sind alle an diesem Prozeß Beteiligten aufgerufen, seien es Hersteller, Anwender oder öffentliche und private Forschungseinrichtungen. Nur der ständige Dialog zwischen diesen kann die Innovationen hervorbringen, die für die Zukunft dringend notwendig sind. Die industrielle Praxis erfordert technisch realisierbare Lösungen für die anstehenden Probleme, und die Tradition des deutschen Maschinenbaus läßt auf eine erfolgreiche Bewältigung dieser Aufgabe hoffen.

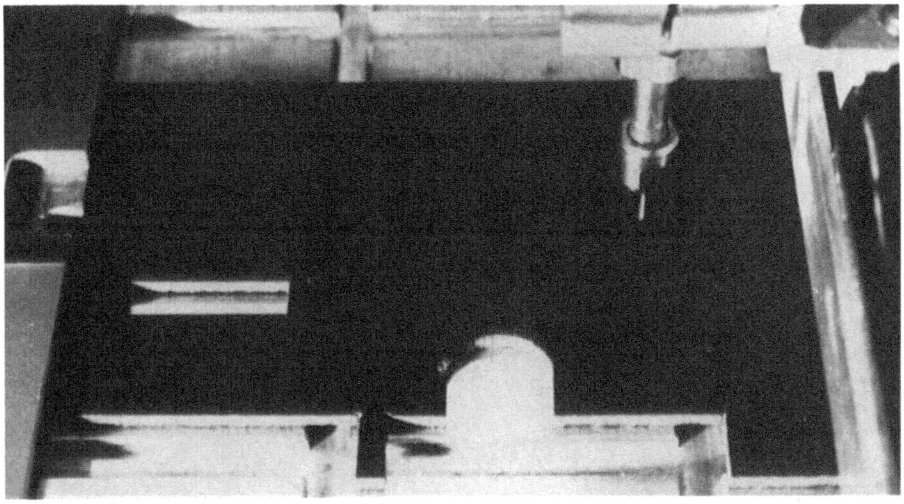

Aufgabe: Formschnitt
Werkstoff: Asbest

Druck: 4000 bar
Düsendurchmesser: 0,17 mm
Vorschubgeschw.: 1 m/min

a) Arbeitsbeispiel Wasserstrahlschneiden

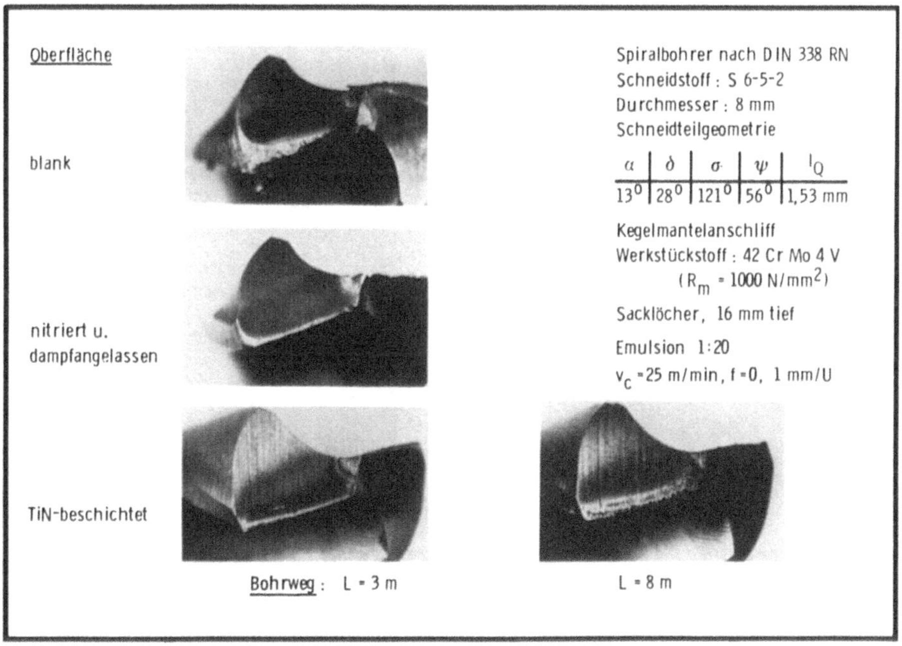

b) Verschleißzustände unterschiedlich oberflächenbehandelter HSS-Bohrer

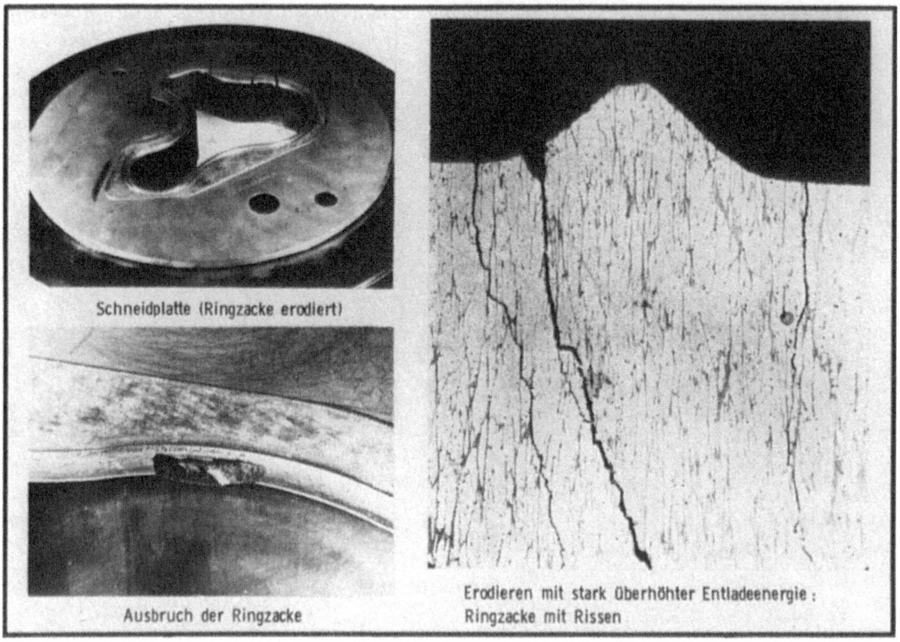

a) Bauteilfehler durch Ringzackenausbruch

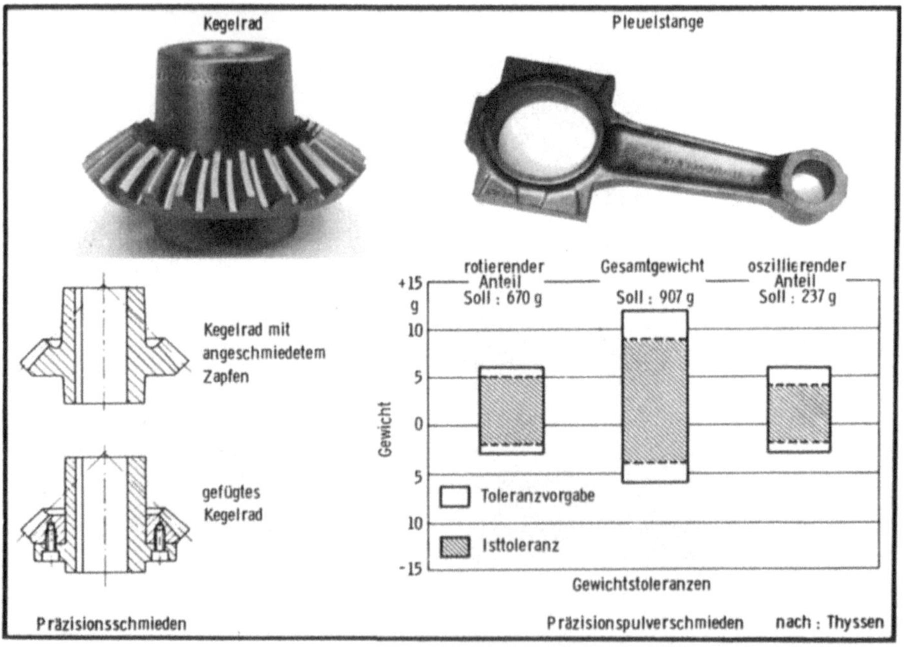

b) Fertigungsbeispiele Präzisions- und Pulverpräzisionsschmieden

Tafel II

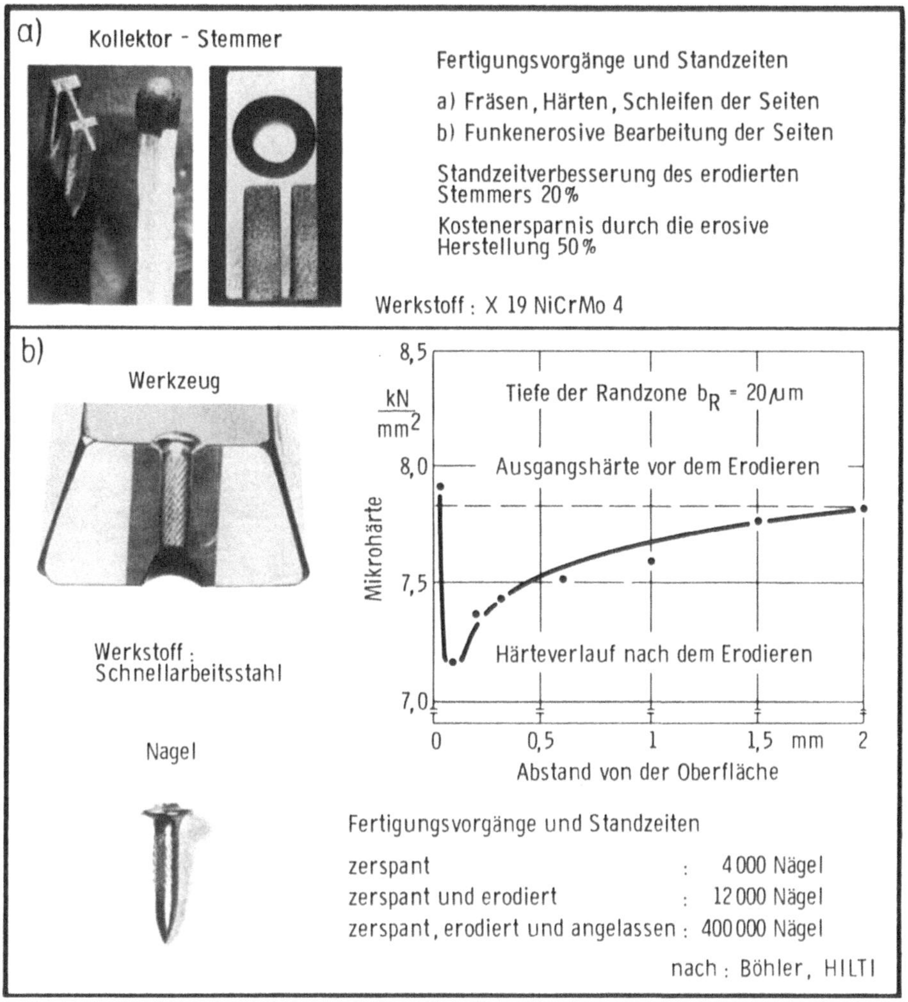

Tafel III: Standzeiterhöhung durch funktionsgerechte Anwendung erodierter Oberflächen

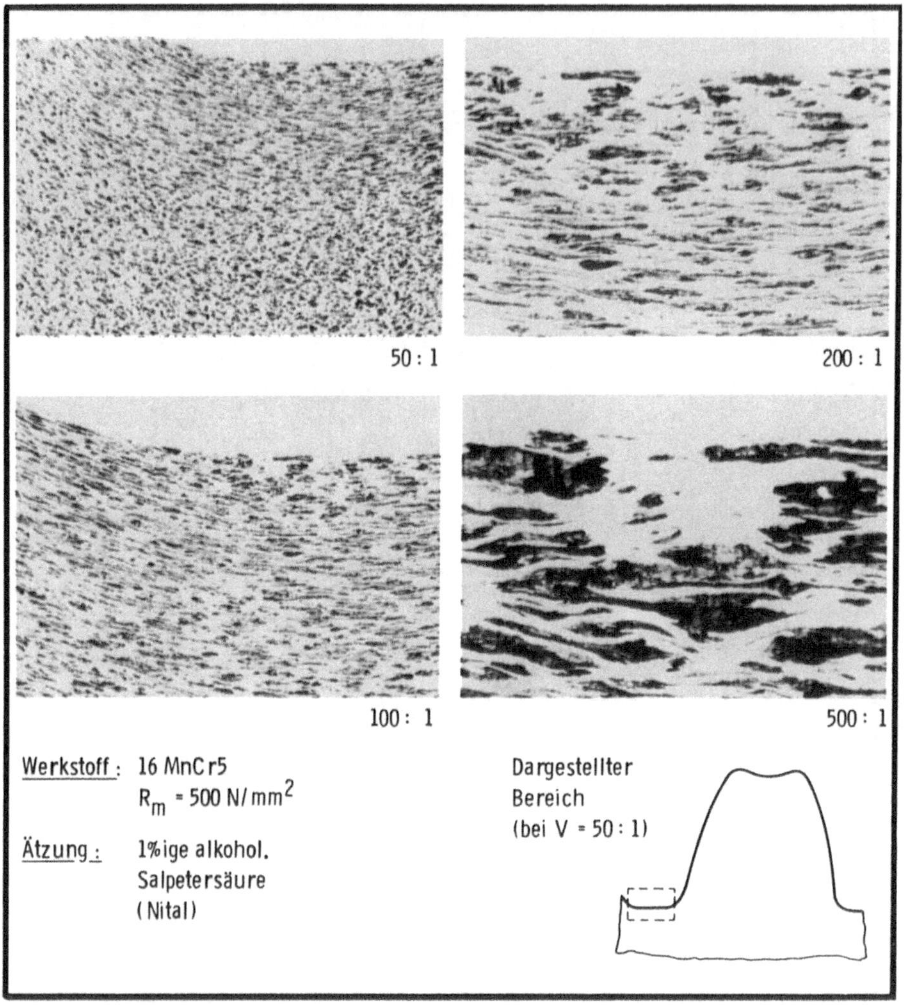

Tafel IV: Feinstrukturanalyse eines kaltgewalzten Zahnes aus 15 MnCr 5

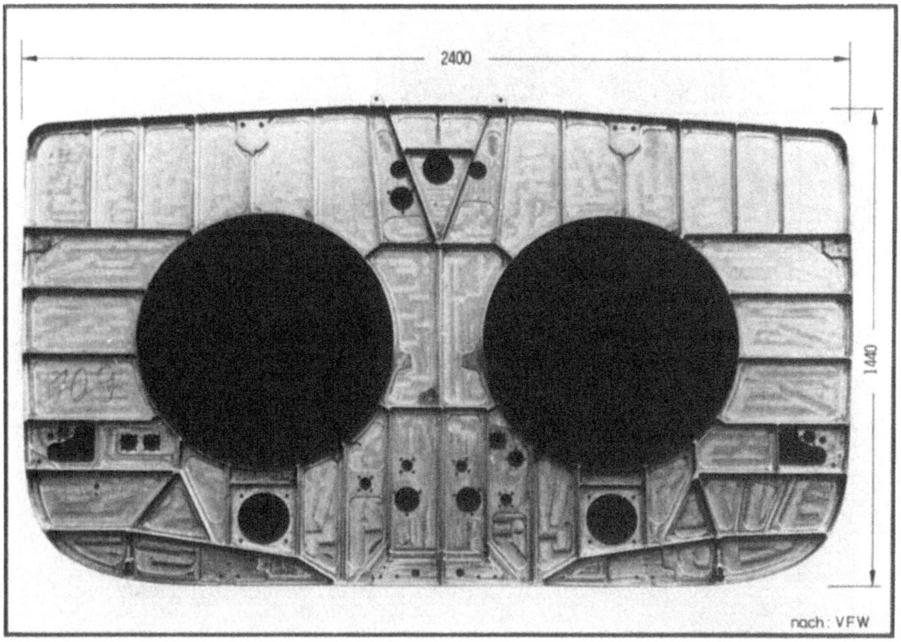

a) Gefrästes Integralbauteil aus Aluminium

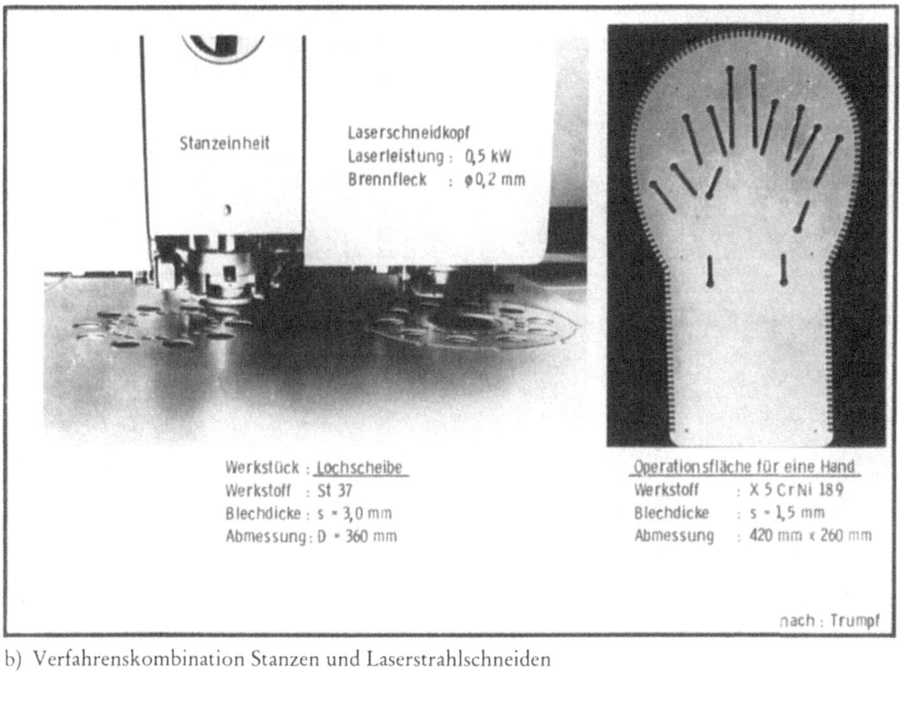

b) Verfahrenskombination Stanzen und Laserstrahlschneiden

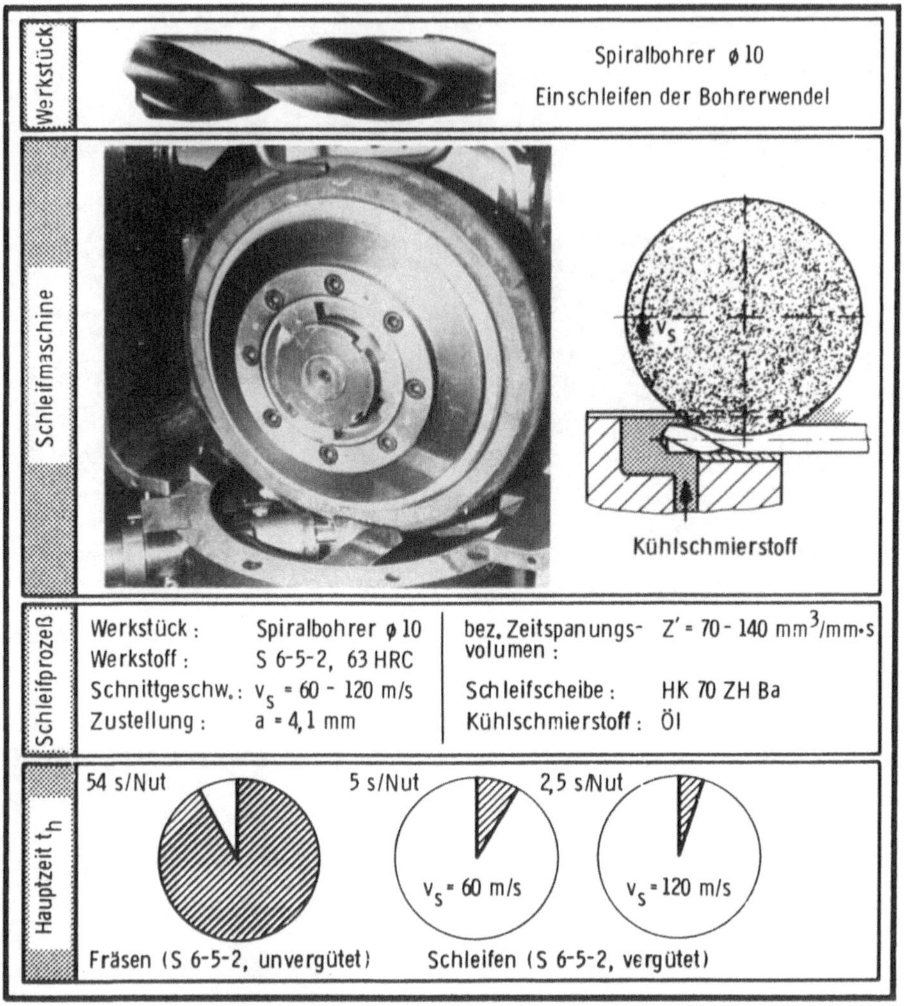

Tafel VI: Hochleistungsschleifen von Spiralbohrernuten

Diskussion

Herr Blankenstein: Herr Professor König, sehen Sie auch für die Werkzeugbeschichtung eine Technologie, die in einem normalen Werkzeugbau verwendet werden kann, die beispielsweise für Spezialwerkzeuge wie Stufenbohrer einsetzbar ist? Und wenn ja: Gibt es irgendwelche Entwicklungsinstitute, die diese Technologie für einen solchen Anwendungsfall betreiben? Oder gibt es sogar schon irgendwelche Lieferanten, die einem bei der Einführung einer solchen Technologie für den Hausgebrauch behilflich sein können?

Herr König: Ja. Von der Beschichtungstechnik her bietet der Stufenbohrer, je nachdem, wie komplex er ist, etwas mehr Schwierigkeiten als der einfache Wendelbohrer, wie wir ihn hier dargestellt haben, aber im Grunde genommen ist das nichts Unüberwindbares. Ich möchte hier keine Namen nennen, aber es gibt Firmen, die Ihnen hier behilflich sein können.

Herr Blankenstein: Es ist also möglich, daß das für einen normalen Werkzeugbauer mit beispielsweise 100 Beschäftigten eingeführt werden kann, ohne daß man spezielle Werkzeuglieferanten dazu braucht?

Herr König: Die Tendenz ist die, daß Beschichtungsanlagen zunehmend bei Werkzeuglieferanten aufgebaut werden. Es gibt aber auch die Möglichkeit, sich ein Werkzeug irgendwo anders firmenneutral beschichten zu lassen.

Herr Eichhorn: Herr Kollege König, Sie haben in Ihrer schönen Übersicht über die drei verschiedenen thermischen Werkzeuge – Plasma-, Elektronen- und Laserstrahl – deutlich gemacht, wo die Anwendungsgrenzen liegen. Sie haben dann gesagt, daß der Laser aus der Sicht, wie Sie es dargestellt haben, das universellste dieser drei Werkzeuge ist. Das ist auch aus meiner Sicht im Hinblick auf die dargestellten verschiedenartigen Anwendungen – Perforieren, Schneiden, Schweißen usw. – sicher richtig. Technisch ist aber auch mit dem Elektronenstrahl ein Schneiden möglich, sogar noch besser als beim Laser, weil größere Wanddicken verarbeitet werden können. Sie haben allerdings hier wirtschaftliche Grenzen gezogen, und ich gebe Ihnen recht, daß der Elektronenstrahl wegen der Bindung an die Vakuumkammer einmal in der Werkstückgröße für das Schneiden begrenzt ist und zum anderen wegen der Verschmutzungsgefahr der Kammer durch Verdampfungserscheinungen des Materials enge Grenzen hat. Deshalb ist es in der Tat so, daß der Elektronenstrahl zum Schneiden heute jedenfalls nicht eingesetzt wird.

Ich möchte aber die Aufmerksamkeit im Hinblick auf die Universalität doch auf die anderen Produktionstechniken lenken und habe ein wenig Bedenken, den Laserstrahl heute schon mit dem Elektronenstrahl gleichzusetzen. Dies gilt für die Anwendungen zum Schweißen. Sie haben wirtschaftliche Grenzen bis 12 mm Wanddicke für das Laserschweißen angegeben. Wir sind gerade in einem größeren Forschungsprogramm des Bundesministers für Forschung und Technologie dabei, die Möglichkeiten des Hochleistungs-Lasers zum Schweißen zu erkunden. Wir wissen heute noch nicht, wo die Grenzen liegen. Nach dem gegenwärtigen Stand ist der Elektronenstrahl hier absolut überlegen, und zwar in allen Modifikationen, im Hochvakuum und vor allen Dingen bei Stahl im Halbvakuum, nicht nur im Hinblick auf die Dicke der Wand, sondern überhaupt, und ich glaube, daß auch in der Perforationstechnik trotz der anerkennenswerten Fortschritte mit dem Laser hier der Elektronenstrahl wegen seiner guten Strahlsteuerbarkeit und seiner enormen Geschwindigkeit, mit der er perforieren kann, noch weit überlegen ist.

Mich würde interessieren, wie Sie hierüber denken.

Herr König: Ich stimme zu. Die Daten, die ich hier vorgelegt habe, stammen nicht von uns, sondern wir haben sie gesammelt. Dabei haben uns alle die geholfen, die solche Geräte herstellen. Ich gebe zu, daß es für verschiedene Daten mehr oder weniger ein Kompromiß war, so etwa für die 12 mm. Bei den 12 mm handelt es sich um einen Hochleistungslaser, dessen Daten nicht von uns gewonnen worden sind, sondern die aus der amerikanischen Literatur stammen. Inwieweit also diese 12 mm richtig sind, weiß ich nicht.

Herr Eichhorn: Die 12 mm stimmen natürlich für den 15 kW-Laser. Das kann man machen, aber das geht nur mit einer Einrichtung, die in den Investitionskosten noch höher liegt als die ohnehin schon hohen Investitionskosten für den Elektronenstrahl. Da liegen die Investitionskosten nämlich in der Höhe von 1 bis 2 Mio. DM. Außerdem kommt noch hinzu, daß beim Laser bei diesen hohen Leistungen die Wiederholbarkeit der Strahlleistung von einer zur anderen Schweißaufgabe enorm zu wünschen übrig läßt und auch die Betriebskosten erheblich höher liegen als beim Elektronenstrahlschweißen.

Herr Pischinger: Bei den von Ihnen gezeigten Hochleistungsbearbeitungsverfahren ist auffallend, daß der Leistungsbedarf stark ansteigt. Interessant wäre nun zu wissen, ob damit der gesamte Energiebedarf der Bearbeitung ebenfalls so stark ansteigt. Es ist ja klar, daß mit der zunehmenden Schnittleistung die Bearbeitungsdauer kürzer wird, und es könnte sein, daß das die energetische Mehrleistung zumindest teilweise kompensiert. Wie verhält es sich aus wirtschaftlicher Sicht mit dem Anstieg des Energiebedarfs bei der Hochleistungsbearbeitung?

Herr König: Bis jetzt ist der Energiebedarf, wie Sie wissen, bei solchen Betrachtungen in der Industrie hintangestellt worden, weil die meiste Energie irgendwo anders in den Vorstufen verbraucht wird und nicht beim Prozeß. Natürlich steigt der Leistungsbedarf insgesamt an – die Lagerreibungen steigen –, aber der Abfall der Schnittkraft kompensiert das wieder. Nun ist das aber zumindest für sehr hohe Geschwindigkeiten noch nicht ganz klar. Wir haben Versuche bei Höchstgeschwindigkeiten gemacht, die zeigen, daß die Schnittkraft bei sehr hohen Geschwindigkeiten wieder ansteigen kann. Die Erklärung, die wir zunächst einmal dafür haben, liegt einfach darin, daß die Spanstauchung unter 1 liegt. Man muß also den Span beschleunigen, und das kostet wieder Energie, die man zusätzlich aufwenden muß. Aber das ist alles noch etwas unklar. Ich würde meinen, in realisierbaren Geschwindigkeitsbereichen sieht das Ergebnis hinsichtlich der Energie noch positiv aus.

Herr Knoche: Wie hoch sind denn bei diesen Hochleistungsverfahren die Energiekostenanteile an den Produktionskosten?

Herr König: Sie liegen unter 5%.

Herr Pischinger: Die zweite Frage bezieht sich auf das Präzisionspulverschmieden. Sie haben als Beispiel die Pleuelstange gezeigt. Nun gibt es ja als konkurrierendes Verfahren, das in der Automobilindustrie sehr gut eingeführt ist, das Tempergußpleuel. Frage: Hat das Präzisionspulverschmieden überhaupt eine Chance, hier mitzukommen, und bietet es hier noch Vorteile? Wird man hier vor allem hinsichtlich der erreichbaren Festigkeit und mit Blick auf die Preisvorteile etwas erzielen können?

Herr König: Das ist natürlich eine schwer zu beantwortende Frage. Man hat gewisse Freiheiten beim Pulverschmieden hinsichtlich der Legierungstechnik, die man sich beim Guß nicht in dem Maße erlauben kann. Zur Zeit werden diese Pleuel ja auch in einem etwas extravaganteren Fahrzeug eingesetzt, wenn ich das einmal so ausdrücken darf. Die Entwicklung ist nicht ganz abzusehen. Es bietet grundsätzlich im Hinblick auf die Einsparung von Materialien, im Hinblick auf Gewichtseinsparung und hinsichtlich der Legierungstechnik mehr Möglichkeiten als der Guß oder das Gesenkschmiedeteil.

Herr Pischinger: Entscheidend wird wahrscheinlich sein, wie sich das Kosten-Nutzen-Verhältnis entwickelt, und das wird ja wieder von den weiteren technologischen Forschungen abhängen.

Herr König: Ja. Das tut sich im Moment noch sehr schwer, würde ich sagen.

Herr Hachenberg: Physikalisch unterscheiden sich der Elektronenstrahl und der Laser doch dadurch, daß die Elektronen des Strahles in einen Festkörper außerordentlich breit diffundieren. Mich interessiert nun, ob man das an der Schnittfläche sieht oder nicht. Es wäre eigentlich physikalisch zu erwarten, daß die Elektronen auch seitlich in das Material hineindiffundieren und der Schnitt nach unten weiter wird. Sieht man so etwas?

Herr Eichhorn: Zur Frage der Streuung und der Reflexion der Elektronen muß man in bezug auf die Schweißtechnik folgendes sagen: Es ist so, daß man hier einen Tiefschweißeffekt erzeugen kann. Man hat also einen relativ schmalen, aber tiefen Kanal. Die Elektronen schaffen es in einer hohen Leistungsdichte, in tiefere Zonen zu kommen. Sie werden in Festkörpern bekanntlich im Bereich kleinster Längen von hundertstel Millimeter völlig absorbiert und gebremst. Zunächst hat man seinen Augen nicht getraut, daß man damit Tiefschweißungen machen kann. Der Effekt ist einfach der, daß durch lokale Verdampfungen, wenn die Leistungsdichte hoch genug ist, durch den Dampfdruck eine Kapillare gebildet wird, die es ermöglicht, daß die Elektronen in nur wenig gebremstem freien Flug relativ tief in das Material eindringen können.

Die Frage, wieviel reflektiert wird, kann man also dahin beantworten, daß etwa 10%, vielleicht höchstens 15% der Elektronen einfach dadurch reflektiert werden, daß man durch eine Leistungsverteilung über den Strahlquerschnitt am Rande Strahlen relativ geringer Dichte hat, die natürlich weitgehend entweder absorbiert oder reflektiert werden. Der größte Teil geht aber in das Material hinein.

Bei Durchschweißungen muß natürlich unten wieder etwas herauskommen; sonst hat man keine saubere Durchschweißung. Diese sogenannte Unterraupe auf der Gegenoberfläche, die ja auch gut sein muß, verlangt insbesondere bei großen Stahl-Wanddicken von 100 mm oder 150 mm, die man in einem Durchgang aufschmelzen kann, Austrittsenergien der Elektronen in der Größenordnung von 30%. Man muß also mit 30% Überschußenergie fahren, weil 30% der Elektronen an der Gegenseite wieder austreten.

Herr Dohmen: Meine erste Frage betrifft den Einsatz des Lasers. Es werden ja schon seit längerer Zeit Versuche gemacht, den Laser als Werkzeug einzusetzen, zunächst beim Schweißen und später auch zum Abtrennen von Werkstoffen. Alle

Ergebnisse, die wir bisher kennen, laufen darauf hinaus, daß die Grenze dieses Verfahrens in der Leistungsdichte oder in der Gesamtleistung des Lasers liegt. Wir hatten in der Bundesrepublik einfach keine Geräte, um einen wirklichen Einsatz dieses Verfahrens und der Geräte zu versuchen. Die Leistungen, die wir seinerzeit zur Verfügung hatten, lagen bei einem Kilowatt, und bei dem geringen Wirkungsgrad, den der Laser hat, reichte das im Bereich der metallischen Bearbeitung einfach nicht aus. Im Kunststoffbereich und bei Verbundwerkstoffen ging das schon eher.

Aus meiner Sicht ist die Situation auch heute noch so, daß wir in der Bundesrepublik keine Lasergeräte zur Verfügung haben, die den Bereich von einem Kilowatt überschreiten. Ich kenne einen CO_2-Laser, der in Deutschland gebaut wird und bis an die Grenze von einem Kilowatt geht. Er sinkt aber dann ab, wenn man in dichtere Bereiche hineinkommt, und zwar auch im Wirkungsgrad.

Der Einsatz von Lasern im Hochleistungsbereich liegt jedenfalls im Augenblick, wie ich es sehe, an der Geräteentwicklung. Ich hatte vor kurzer Zeit ein Gespräch beim BMFT, und wir waren uns darüber einig, daß wir dieses Gebiet der Laserentwicklung zwar nicht mit 9 Millionen Dollar, wie beim Hochgeschwindigkeitszerspanen, aber immerhin mit 10 Millionen DM in den nächsten Jahren zu fördern gedenken, nämlich in Zusammenarbeit mit der Deutschen Forschungsgemeinschaft.

Mich würde interessieren, wie Sie, Herr Kollege König, diese Situation sehen.

Zur zweiten Frage. Sie sprachen Bauteileigenschaften kaltgewalzter Zahnräder beim Grob-Verfahren an. Bauteileigenschaften und Bauteilverhalten sind ja unter Umständen zwei unterschiedliche Dinge. Das Grob-Verfahren, so sagten Sie, bietet Vorteile bei den Bauteileigenschaften hinsichtlich der Festigkeiten.

Die Frage ist: Wie sieht es eigentlich mit der Geometrie aus, mit den Formfehlern? Das Bauteilverhalten kann doch unter Umständen sehr stark von Geometriefehlern beeinflußt werden.

Die dritte Frage bezieht sich auf das Sinterschmieden. Wie ist es mit der Homogenität des Werkstoffes in Hauptverformungsrichtung, also in Preßrichtung? Die Homogenität hängt doch sehr stark von der Verdichtung ab, und wir wissen ja, daß wir beim Sintern Unterschiede in der Verdichtung in Preßrichtung haben. Ist das beim Sinterschmieden besser?

Herr König: Sie fragen zuerst nach der Gerätetechnik. Ich gehe hier mit Ihren Ansichten zum Laser konform. Nur in einem stimme ich nicht mit Ihnen überein: 10 Millionen DM sind zuwenig. Man sollte bei den 9 Millionen Dollar bleiben; das ist besser. Der Rückstand der Bundesrepublik in der Lasertechnik ist einfach so enorm, daß man ihn mit 10 Millionen DM nicht mehr aufholen kann – das ist meine Meinung dazu –, und zwar genau da, was Sie angesprochen haben, in der Gerätetechnik.

Dann zu den Bauteileigenschaften. In der Tat ist gerade beim Zahnrad nicht allein die Festigkeit entscheidend, sondern viel mehr noch die Geometrie, die Fehler, die wir ins Zahnrad bringen können. Bei dem Verfahren, das ich vorgestellt habe, ist es in dem von Ihnen initiierten Schwerpunktprogramm „Bauteilverhalten“ gelungen, diese Fehler so zu reduzieren, daß im Moment mit korrigierten Walzen Qualitäten IT6 erreicht werden. Das sind Qualitäten, die man mit den bisherigen klassischen Verfahren ebenfalls erreicht. Man muß schon schleifen, um da wesentlich besser zu werden.

Hinsichtlich des Sinterschmiedens kann ich mich nicht auf eigene Untersuchungsergebnisse stützen. Ich bin darauf angewiesen, hier die Aussagen anderer wiederzugeben. Zum Sinterschmieden ist mir gesagt worden, daß dem nicht so sei, daß wir also beim Sintern senkrecht zur Bearbeitungsrichtung das, was wir beim Pressen in dem Produkt haben, nicht wiederfinden würden.

Herr Neukamp: Wie stellen sich die verschiedenen Technologien, die Sie beschrieben haben, in der Frage der Arbeitssicherheit vergleichsweise dar, z. B. die Elektronenstrahl- und Lasertechnik auf der einen Seite und Bohren, Fräsen, Stanzen mit Höchstgeschwindigkeiten auf der anderen Seite? Welche Relation hat etwa der Kostenaufwand in der Arbeitssicherheit?

Herr König: Lassen Sie mich mit dem beginnen, was ich selbst gemacht habe und deshalb auch am besten beantworten kann, mit der Höchstgeschwindigkeitsbearbeitung. Wir hatten in der ersten Zeit, als wir normale Scheiben verwendeten (Korundscheiben in keramischer Bindung) natürlich Schwierigkeiten mit den Sprenggeschwindigkeiten, und hier waren erhebliche Investitionen notwendig. Wir haben in unserem Institut bei Herrn Kollegen Weck auch Sprengversuche gemacht und haben dann Schutzhauben konstruiert, die in der Art des Automobilbaues mit Knautschzonen versehen waren (Ausschäumen mit Polyurethan). In der Zwischenzeit hat sich die Situation grundlegend geändert. Es kamen nach diesen Scheiben die heißisostatisch gepreßten Scheiben, die wesentlich höhere Sprenggeschwindigkeiten hatten.

Mittlerweile ist die Situation durch den weiteren Fortschritt im Bereich der Scheibenentwicklung wieder anders geworden. Wir haben heute für diese Hochgeschwindigkeitstechnologien Scheiben, die einen hochfesten Aluminiumträgerkörper haben und nur am Umfang einen recht dünnen Belag, zum Beispiel aus kubisch-kristallinem Bornitrid. Wenn da irgend etwas abspringt, dann ist es immer dieser sehr dünne Belag, der natürlich jemanden verletzen kann, wenn er ihn direkt trifft, aber bei weitem nicht mehr diese Unsicherheit darstellt, wie das bei einer platzenden Scheibe der Fall ist.

Herr Mäcke: Die Frage eines Laien: Wie wird der Plasmastrahl erzeugt? Wie ist er handhabbar? Welche Zukunft hat er?

Herr König: Die Erhitzung eines Gases bewirkt in einem ersten Stadium den Zerfall der molekularen Bindung. Die weitere Erhöhung der Temperatur ruft bei allen Gasen die Ionisation hervor, ein physikalischer Zustand, in dem das Gas elektrisch leitend und als thermisches Plasma bezeichnet wird. Bei noch höheren Temperaturen wird das Plasma als physikalisches Plasma bezeichnet. Die Erzeugung eines thermischen Plasmas kann durch unterschiedliche Verfahren, wie zum Beispiel durch Induktion (hochfrequenter Strom), Lasereinwirkung oder mittels eines elektrischen Lichtbogens hervorgerufen werden. Die elektrische oder die mechanische Bündelung des als Plasma vorliegenden elektrisch leitenden Gases erlaubt die Bildung eines Plasmastrahls.

Die Anwendung eines thermischen Plasmas reicht von Antriebsdüsen bei der Raumfahrt, Schneid- und Schweißtechnik von Edelstählen, Beschichten von hochwarmfesten Werkstoffen bis hin zu speziellen Aufgaben wie der Warmzerspanung.

Herr Batzel: Sie haben einleitend auf die Bedeutung der Forschungsergebnisse für mittlere und kleinere Unternehmenseinheiten hingewiesen. In der Tat besteht da ein großes Bedürfnis im Hinblick auf ihre Wettbewerbsfähigkeit. Nun meine ich aber aus Ihrem Vortrag sehr viele Signale gehört zu haben, die eigentlich gerade das Gegenteil bewirken. Ich frage, ob es nicht vielleicht sogar ein Naturgesetz ist, daß der technische Fortschritt mit der größten Anlageintensität vieler Einrichtungen, mit der kombinierten Bearbeitung mehrerer Vorgänge durch ein Aggregat und damit der Notwendigkeit, hohe Stückzahlen zu produzieren, großen wirtschaftlichen Einheiten in zunehmendem Maße einen Wettbewerbsvorsprung geben wird, weil nur sie den Markt oder die Verwendungsmöglichkeit im eigenen Unternehmen haben. Das mag nicht ausschließlich der Fall sein, aber es ist aus dem, was Sie sagten, bei mir die Sorge entstanden, daß dies eine Tendenz sein könnte. Wie sehen Sie das?

Herr König: Das muß man, glaube ich, ein wenig differenziert betrachten. Ich darf das vielleicht einmal an Beispielen erläutern. Ich würde das sofort für das bestätigen müssen, was wir vor etwa zehn Jahren getan haben, nämlich die adaptive Regelung von Anlagen zum Drehen oder zum Fräsen oder zur Funkenerosion, also das Selbstoptimieren. Hier war es allein schon aus dem Kapitaldienst, der dazu notwendig war, sich so etwas beizustellen – die Anlagen kosteten seinerzeit fast den Preis der Maschinenanlage selbst –, nur möglich, das über Stückzahlen aufzufangen.

In der Zwischenzeit hat sich auch da die Situation insofern geändert, als die Mikroprozessoren eingeführt wurden und eine andere Denkungsart Platz gegriffen hat. Wir haben auf Modularanlagen umgeschaltet. Man braucht sich also nicht das ganze System beizustellen, sondern nur Teilsysteme, entsprechend der jeweiligen Aufgabe, und dadurch ist das bezahlbar geworden. Die Preisrelation gegenüber früher liegt bei gleicher Aufgabenstellung bei 10:1.

Nehmen wir ein anderes Beispiel, etwa das Hochleistungsschleifen. Der Initiator dieser Technik war eigentlich der kleine mittelständische Betrieb. Er kommt nämlich in folgenden Zwang: Seine Losgrößen nehmen ab, aber die Teilevielfalt nimmt zu. Die einzige Antwort hierauf ist, sich über die Anlage Flexibilität zu schaffen. Das geht nur – so ist jedenfalls hier die Situation – so, daß man die Fertigung im mittelständischen Betrieb über einen Fertigungsleitrechner plant und sich dann möglichst nur an einer einzigen Maschine zur Herstellung eines Werkzeugs die Flexibilität über die Einstellung und die Steuerung schafft. Da bestand dann meine Aufgabe darin, es möglich zu machen, diese Bearbeitung auf einer einzigen Maschine durchzuführen.

Dieser Fall würde eigentlich dafür sprechen, daß man diese Anlage gerade für den mittelständischen Bereich sehen kann. Wir müssen ja auch die Kostenersparnis betrachten, die wir in diesem Fall durch den Wegfall von zehn Fräsmaschinen aufgrund des Einsatzes dieser Hochleistungstechnologie haben.

In einigen Fällen, die ich genannt habe, würde ich Ihnen sofort zustimmen. Dann ist aber die Situation meistens so, daß wir hier erst in der Entwicklung stehen und die Entwicklung sicher zeigen wird, daß entweder Möglichkeiten bestehen, das etwas freundlicher zu gestalten, oder daß es tatsächlich ein Verfahren bleibt, das nur der Massenfertigung zugänglich ist.

Herr Moeller: Der Einsatz rechnergesteuerter programmierter Werkzeugmaschinen, z. B. ein Bearbeitungszentrum, bietet heute auch kleinen und mittelständischen Betrieben die Möglichkeit, wie Sie richtig sagten, sehr flexibel zu arbeiten, allerdings nur dann, wenn der Betrieb den Sprung, d. h. die Eingliederung dieser Anlagen in die Ablauforganisation geschafft hat.

Die Problematik liegt hier jedoch oft in der mangelnden Effizienz dieser Maschinen, im fehlenden Mehrschichtbetrieb insbesondere dort, wo es sich nicht um Massenprodukte handelt, sondern um Einzelprodukte mit sehr komplizierten Fertigungstechniken, z. B. Formen und Werkzeug. Hier kommt es insbesondere zu personellen Engpässen einmal im Bereich der Programmierung wie auch beim Bedienungspersonal, welches in bezug auf das Produkt und den Arbeitsablauf an der Maschine einen hohen Ausbildungsgrad erforderlich macht.

Bezogen auf das Thema des Vortrags besteht die Frage, wie weit man heute mit der Prozeßüberwachung an solchen Maschinen ist. Welcher Aufwand muß getrieben werden, z. B. an 2,5- und 3 D Maschinen? Ich kenne die Ansätze zur Sensorik seit vielen Jahren, habe auch an solchen Geräten bei Prof. Kienzle/Oesenberg gearbeitet, jedoch waren die Möglichkeiten mehr auf Laborbetrieb und Großanlagen beschränkt.

Wie kann man heute vorgehen und was wird hier für die Praxis geboten?

Herr König: Herr Kollege Weck wird in seinem Vortrag sicherlich zumindest noch auf die erste Frage eingehen. Hinsichtlich der Prozeßüberwachung treten wir im Augenblick in eine Phase ein, die aus der labormäßigen Erprobung herausgegangen ist und in die Produktion hineinkommt. Die Prozeßüberwachung kommt auf den Markt. Für die Drehbearbeitung wird sie zur Zeit in mehreren Anlagen bei verschiedenen Verbrauchern integriert, und das in einer vernünftigen Relation zum Maschinenpreis.

Herr Moeller: Bei Bohr- und Fräswerken?

Herr König: Auf dem Gebiet der Bohr- und Fräsbearbeitung wird die Prozeßüberwachung ebenfalls eingeführt, obwohl diese Prozesse schwieriger sind.

Werkzeugmaschinen im Wandel – Forderungen der Anwender

von *Manfred Weck*, Aachen

1. *Anforderungen an Werkzeugmaschinen*

Im Zeitalter sich rasch und ständig wandelnder technischer, ökonomischer und sozialer Bedingungen werden an die Unternehmen sowohl zur Gewährleistung der nationalen bzw. internationalen Wettbewerbsfähigkeit als auch zur Sicherung der Arbeitsplatzkapazität fortwährend neue Anforderungen gestellt.

Von diesem Wandel sind neben der eigentlichen Werkzeugmaschine auch die Baugruppen, peripheren Einrichtungen und Steuerungen erfaßt worden. Neben den Weiterentwicklungen der einzelnen Maschinenelemente, wie Lager, Antriebe und Gestelle, haben die grundsätzlichen Konzeptionen der Maschinen eine tiefgreifende Änderung erfahren. So hat beispielsweise das Baukastenprinzip bei der Maschinengestaltung neue Möglichkeiten eröffnet. Daneben sind neue Werkstoffe im Werkzeugmaschinenbau, wie z.B. Beton, in der Erprobung. In zunehmendem Maße gewinnen die an die Maschine anzugliedernden Peripheriegeräte, wie Werkzeugwechsler und Überwachungssysteme, an Bedeutung. Diese Maschinenteile beeinflussen heute zusammen mit der Leistungsfähigkeit der Steuerung in entscheidendem Maße die Produktivität und Wirtschaftlichkeit moderner Werkzeugmaschinen, haben aber auch wesentlich weiterreichende Auswirkungen auf soziale und personelle Strukturen in den Produktionsbetrieben. Diese Fragen werden auf die weitere Entwicklung neben der Forderung nach Humanisierung des Arbeitsplatzes einen nicht geringen Einfluß ausüben.

Betrachtet man die Nutzungsverluste, wie sie in Untersuchungen in der konventionellen Fertigung beobachtet wurden, so wird der Zwang zur Rationalisierung durch Automatisierung deutlich. Aus Bild 1 ist ersichtlich, daß konventionelle Fertigungseinrichtungen, bezogen auf ihre theoretische Verfügbarkeit von 100%, nur einen effektiven Arbeitseinsatz von rd. 6% erreichen, der zu einem Arbeitsfortschritt an den zu produzierenden Teilen führt. Die auftretenden Verluste lassen sich auf mangelnden zeitlichen Einsatz z.B. durch Feiertage, Urlaub und fehlenden Schichteinsatz und auf technische und technologische Gründe, wie z.B. ungünstige Schnittbedingungen und unvollständige Maschinenausrüstung, zurückführen. Durch unterschiedliche Automatisierungsmaßnahmen, die darauf ausgerichtet sind, zeitliche und technische Nutzungsverluste zu kompensieren, läßt sich, wie aus dem unteren Teil des Bildes zu ersehen ist, die effektive Nutzungszeit der Fertigungseinrichtungen wesentlich steigern.

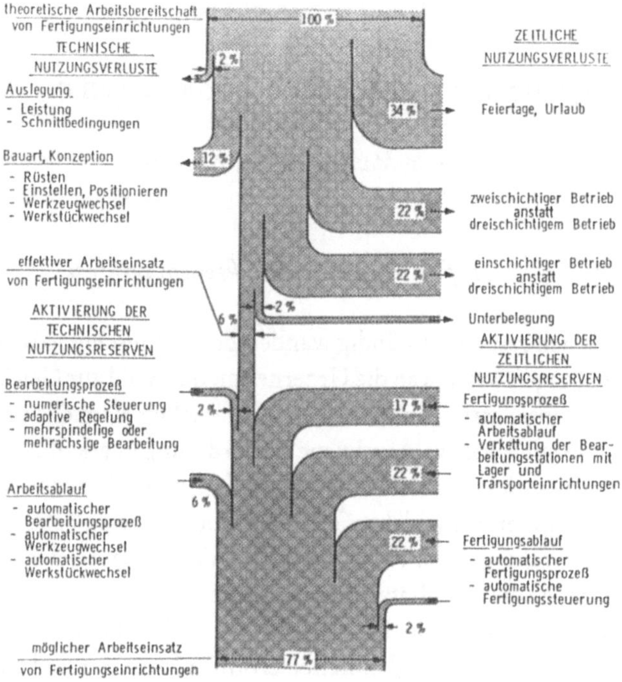

Bild 1: Maßnahmen zur Aktivierung der Nutzungsreserven von Fertigungseinrichtungen

Um zu beurteilen, welche Maßnahmen im konkreten Anwendungsfall nützlich sind, ist eine detaillierte Kenntnis der Zeiten und Kosten erforderlich. Außerdem muß bekannt sein, auf welche Zeit- bzw. Kostenanteile die einzelnen Automatisierungsmaßnahmen wirken.

Bei modernen, automatisierten Fertigungseinrichtungen wird bereits ein Teil der oben gezeigten Funktionen in die Maschine integriert, gleichzeitig werden die Fertigungsabläufe beschleunigt. Daraus resultiert für das Bedienungspersonal eine Steigerung des Anteils körperlich anstrengender und geistig anspruchsloser Tätigkeit, da während der Abarbeitung eines Auftrages außer der Ver- und Entsorgung der Maschine mit Werkstücken nur in geringem Maße andere Aufgaben im Sinne des *job enrichment* anfallen.

2. *Handhabungs- und Beschickungseinrichtungen*

2.1. *Einsatzzweck*

Mit dem Einsatz flexibler Handhabungsgeräte in Fertigung und Montage werden mehrere Ziele verfolgt (Bild 2). Zum einen gilt es, die vorhandenen Betriebs-

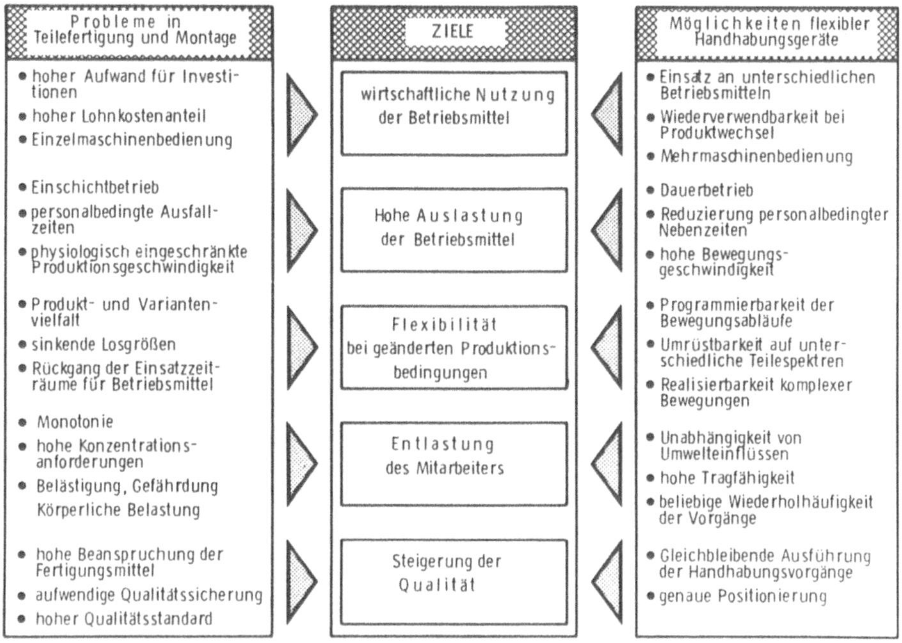

Bild 2: Möglichkeiten des Einsatzes flexibler Handhabungssysteme

mittel wirtschaftlich zu nutzen. Für den Bereich der Fertigung bedeutet dies primär, die immer investitionsintensiveren Bearbeitungseinheiten möglichst hoch auszulasten. Heute werden Maschinen häufig nur im Einschichtbetrieb eingesetzt. Die Ursache hierfür liegt vielfach in einem verbreiteten Mangel an Personal, das bereit ist, in einer zweiten oder dritten Schicht an den Maschinen zu arbeiten. Darüber hinaus werden die Fertigungseinrichtungen in der Regel nur mit Einzelmaschinenbedienung betrieben, so daß zusätzlich zu den höheren Maschinenkosten noch mit erheblichen Lohnkosten zu rechnen ist. Handhabungsgeräte können bei entsprechender Auslegung hingegen im Dauerbetrieb eingesetzt werden und eventuell mehrere Maschinen gleichzeitig bedienen.

Zum anderen wird von modernen Fertigungseinrichtungen eine sehr hohe Flexibilität gegenüber Änderungen im Fertigungsablauf verlangt. Dies liegt darin begründet, daß in der heutigen Zeit die Lebensdauer von Produkten bei gleichzeitiger Steigerung der Produktvielfalt stetig abnimmt. Damit müssen die Fertigungseinrichtungen ständig an sich ändernde Fertigungsaufgaben und -abläufe angepaßt werden können. Der Einsatz flexibler Handhabungsgeräte wird diesbezüglich für handhabungstechnische Abläufe die gleichen Vorteile bieten wie numerisch gesteuerte Maschinen hinsichtlich der Bearbeitungsvorgänge.

Schließlich kann die Qualitätssteigerung von Produkten als ein weiteres Ziel angesehen werden. Aufgrund der Wiederholgenauigkeit bei Handhabungs- und Positioniervorgängen wird der Einsatz von flexiblen Handhabungseinrichtungen in der Regel zu einer gleichbleibenden Qualität und einer oftmals höheren Präzision der Endprodukte führen.

Darüber hinaus gibt es viele Einsatzgebiete, in denen die Umweltbedingungen (Staub, Hitze, Lärm usw.) den Ersatz des Menschen durch ein flexibles Handhabungsgerät erstrebenswert erscheinen lassen.

2.2. *Bereits realisierte Konzepte*

Die Auswahl und der Aufbau eines Werkstückhandhabungssystems erfolgt unter den Gesichtspunkten Platzbedarf, Anordnung, Bedienung, Flexibilität und vor allem unter Berücksichtigung der Kosten für Anschaffung und Betrieb.

Das als Beispiel auf Tafel I a) gezeigte Handhabungsgerät bedient eine Drehmaschine. Dem Bedienungsmann fallen damit nur noch Überwachungsaufgaben zu. Die Werkstücke werden auf Abruf einem Förderband entnommen bzw. auf einem anderen abgelegt. Bei ausreichender Kapazität des Werkstückmagazins kann die Anlage auch in der zweiten und dritten Schicht selbständig arbeiten. Mit Hilfe derartiger frei programmierbarer Handhabungssysteme können auch Fertigungszellen aufgebaut werden, bei denen mehrere Maschinen von einem Gerät mit Werkstücken versorgt werden.
Es ist ebenfalls möglich, daß die Handhabungsaufgabe Einfluß auf das Maschinenkonzept nehmen kann. Als Beispiel sei die auf Tafel I b) dargestellte Drehmaschine angeführt. Es handelt sich hierbei um eine Schrägbettmaschine, die zwei Arbeitsspindeln besitzt. Die Spindeln sind in einer Trommel gelagert und können durch Schwenken der Trommel um 180° wechselweise in Arbeits- und Beschickungsposition gebracht werden.

Der Vorteil dieses Konzeptes besteht darin, daß der Werkstückwechsel zeitlich nicht unmittelbar an das Ende der Werkstückbearbeitung gebunden ist. Der Werkstückwechsel an der Maschine kann in die Bearbeitungszeit der Maschine fallen, so daß ein Maschinenbediener oder ein Handhabungsgerät mehrere Maschinen bedienen kann, ohne daß es zu durch Werkstückwechsel bedingten Maschinenstillstandszeiten kommt.

Wesentliche Voraussetzung für einen vollautomatischen Bearbeitungsablauf ist die ständige Bereitstellung der in einem Arbeitszeitraum (Schicht) benötigten Werkzeuge und Werkstücke. Eine interessante Lösung einer flexiblen Werkzeug- und Werkstückwechseleinheit ist auf Tafel II a) gezeigt.

Das System ähnelt für den Werkstücktransport dem FFS eines Unternehmens in Augsburg. Die über Induktivschleifen geführten Transportwagen erlauben, wie im Bild rechts zu erkennen ist, die Aufnahme von bestückten Werkstückpaletten oder, wie links zu sehen, die Aufnahme von Werkzeugträgern, so daß auch neue

Werkzeugsätze über dasselbe Transportmedium zur Maschine gelangen bzw. alte abtransportiert werden, das für die Werkstückbeschickung benutzt wird. Der Vorteil dieser Lösung liegt in der hohen Flexibilität des über die Transportwagen verketteten Gesamtsystems.

2.3. *Weitere Entwicklung*

Die künftige Entwicklung bei Handhabungsgeräten wird durch die Forderung nach weiterer Leistungssteigerung bei gleichzeitiger Preisreduzierung gekennzeichnet sein, die ebenfalls die mechanische Auslegung bis hin zur Systemplanung entscheidend beeinflussen (Bild 3).

In bezug auf den mechanischen Teil von Handhabungsgeräten bedeutet das zunächst eine Entwicklung der Geräte zu höheren Geschwindigkeiten, größeren Genauigkeiten sowie zu verbessertem statischem und dynamischem Verhalten. Bei Standgeräten wird sich der Einsatz von Faltarmgeräten voraussichtlich verstärken.

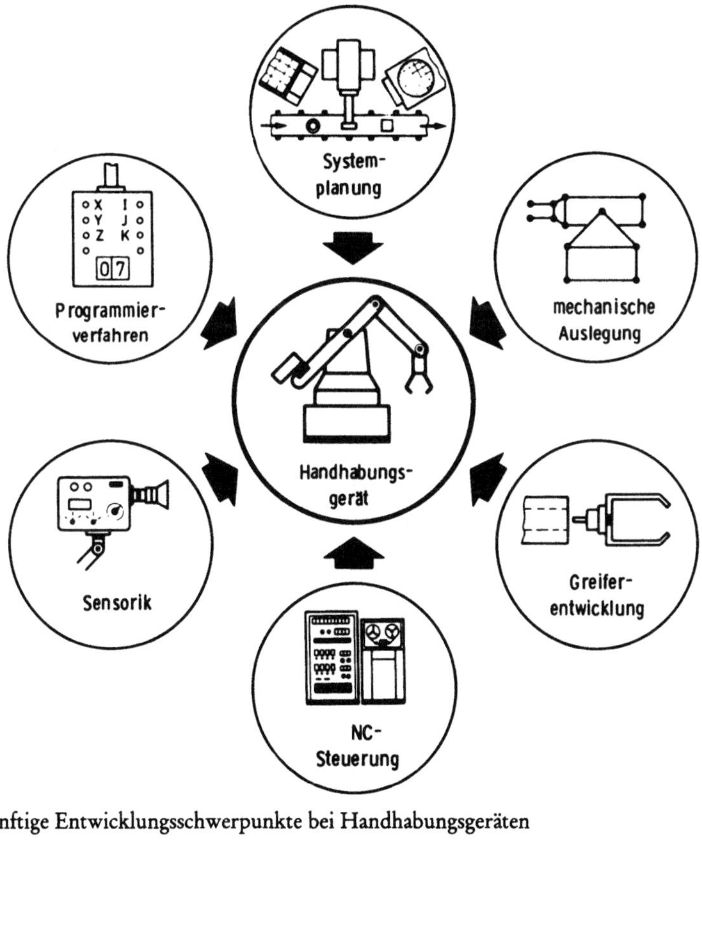

Bild 3: Künftige Entwicklungsschwerpunkte bei Handhabungsgeräten

Sie sind zwar mechanisch und steuerungstechnisch aufwendiger als andere Geräte, können jedoch aufgrund ihres besseren Verhältnisses von eigener Stellfläche zum Gesamtarbeitsraum unter den oft räumlich beengten Bedingungen automatisierter Fertigungseinrichtungen häufiger eingesetzt werden.

Obwohl das Thema des Einsatzes flexibler Beschickungseinrichtungen für Werkzeugmaschinen hier lediglich exemplarisch erörtert werden konnte, zeigen die ausgeführten Beispiele doch, welcher Entwicklungsstand erreicht ist und welche Probleme es in den nächsten Jahren zu lösen gilt.

3. *Eigenschaften der mechanischen Baugruppen*

3.1. *Entwicklung der Maschinenelemente*

Die Entwicklung der Werkzeugmaschinen für die spanende Bearbeitung wird durch die Leistungsfähigkeit der eingesetzten Schneidstoffe, also durch die zulässige Schnittgeschwindigleit und der gleichzeitig aufnehmbaren Schnittkraft geprägt (Bild 4). Diese beiden Größen bestimmen entscheidend die Gestaltung und Dimensionierung der Werkzeugmaschinen für die spanende Bearbeitung. Bei diesen Maschinen stellt das Spindel-Lager-System eine besonders wichtige Baugruppe dar. Wie in Bild 4 gezeigt, sind die von der Werkzeugseite her zu realisierenden Schnittgeschwindigkeiten in Dimensionen vorgestoßen, die von den gegenwärtig zur Verfügung stehenden Spindelkonstruktionen nicht erreicht werden. Um wirtschaftlich mit den durch moderne Schneidstoffe realisierbaren Schnittgeschwindigkeiten fertigen zu können, ist die Entwicklung von schnellaufenden Wälzlagersystemen erforderlich.

Besondere Schwierigkeiten bereitet hierbei die Forderung, einen großen Drehzahlbereich (z.B. $100/\text{min} < n < 10\,000/\text{min}$) zu überdecken, da unterschiedliche Steifigkeitsanforderungen bei verschiedenen Drehzahlen bestehen. Da diese Forderung zur Zeit noch nicht mit Hilfe eines den gesamten Drehzahlbereich überdeckenden Spindel-Lagersystems erfüllbar ist, sehen die heute bekannten Lösungen in der Regel komplett austauschbare Spindel-Lagersysteme vor, die jeweils an begrenzte Drehzahlbereiche angepaßt sind.

Auf diesem Gebiet sind vermehrt Forschungs- und Entwicklungsarbeiten erforderlich, um die technologische Lücke, die durch den Vorsprung der Werkzeugleistung gegenüber der Maschinenleistung besteht, zu schließen.

Im Bereich der Höchstgeschwindigkeitzerspanung von Aluminium versucht man gegenwärtig magnetkraftgelagerte Spindeln einzusetzen. Die Kosten sind jedoch sehr hoch, so daß man derzeit versucht, auch mit Wälzlagern diese hohen Spindeldrehzahlen zu erreichen.

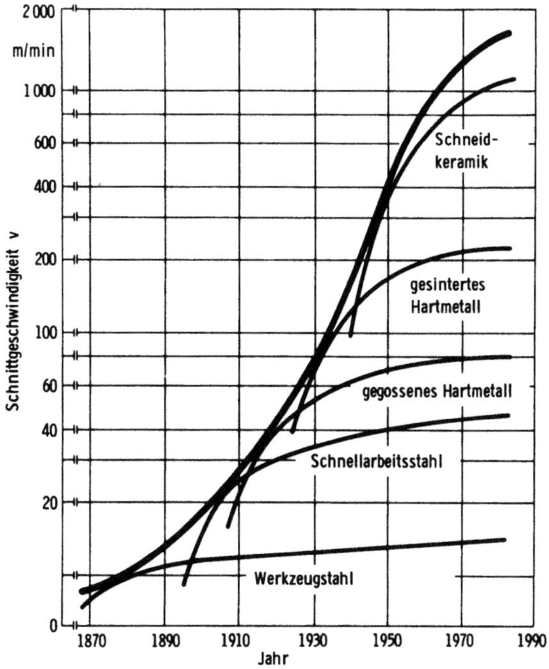

Bild 4: Trendentwicklung der Schnittgeschwindigkeit beim Drehen

Die Eigenschaften und die Fertigung der mechanischen Konstruktionselemente werden u. a. durch den gewählten Werkstoff und die werkstoffspezifische Gestaltung (Geometrie, Dimensionierung) bestimmt. Die in jüngster Zeit im Bereich kleiner und mittlerer Maschinengrößen festzustellenden Bemühungen, die heute üblicherweise als Guß- oder Schweißkonstruktion ausgeführten Gestellbauteile aus anderen Werkstoffen herzustellen, haben aus technischen und wirtschaftlichen Gründen auf die Entwicklung von Werkzeugmaschinen mit einem Bett aus betonischem Werkstoff geführt.

Beispiele für verschiedene ausgeführte Maschinenbetten aus Beton sind auf Tafel II b) und c) gezeigt. Bei dem bei b) dargestellten Drehmaschinenbett, für das der im Beton liegende Kraftfluß rechts skizziert ist, handelt es sich um eine Ausführung in Spannbetonbauweise. Das bei c) links abgebildete Bett einer Außenrundschleifmaschine wurde in Reaktionsharzbeton gefertigt. Das Bild rechts zeigt eine Möglichkeit, um Führungsflächen an betonischen Maschinenbauteilen durch Abformtechnik fertigzustellen.

Derzeit ist man bemüht, Konstruktionsrichtlinien unter besonderer Berücksichtigung der physikalischen Eigenschaften des Betons zu erarbeiten. Die gestalterischen Vorgaben, bedingt durch diesen neuen Werkstoff, werden auch nicht ohne Einfluß auf das Gesamtmaschinenkonzept bleiben.

3.2. Maschinenkonzepte

Im Serien- und insbesondere im Sondermaschinenbau werden üblicherweise Maschinen konzipiert, die speziell an die Erfordernisse der einzelnen Anwender angepaßt sind. Daraus resultiert häufig eine große Anzahl von Bauteilvarianten, die einerseits mit hohen Herstellkosten verbunden sind, andererseits eine aufwendige Lagerhaltung notwendig machen. Um beides zu reduzieren, ist es erforderlich, die Variantenvielfalt durch eine weitgehende Vereinheitlichung der Bauteile zu verkleinern. Aufbauend auf diesen standardisierten Lösungen für die Einzelbauteile muß jedoch immer noch eine den Bedürfnissen der Anwender angepaßte Lösung durch Kombination der Bauteilvarianten möglich sein. Mit der Einführung eines derartigen Konzeptes ist der Hersteller in der Lage, unter Ausnutzung der Serienfertigung von Bauteilen eine breite Palette von Maschinen kostengünstig anzubieten.

Ähnlich wie im Sondermaschinenbau (Tafel III a)), in dem nicht zuletzt aufgrund der Normung der Anschlußmaße der einzelnen Baueinheiten ein hohes Maß an Standardisierung erreicht wurde, versuchen die Werkzeugmaschinenhersteller im Bereich der Universalwerkzeugmaschinen Konzepte zu entwickeln, die eine Zusammenstellung einzelner Module aus verschiedenen firmenspezifischen Standard-Baugruppen entsprechend den speziellen Kundenwünschen ermöglichen. Als Beispiel sei die modulare Bauweise eines frontbedienten Drehautomaten gezeigt (Bild 5).

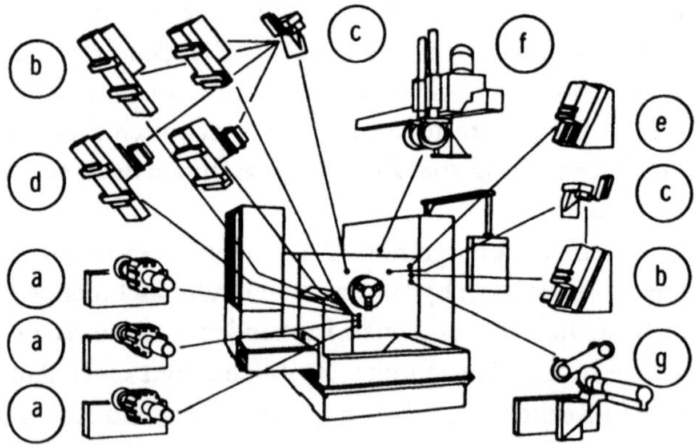

a Revolverschlitten
b Kreuzschlitten
c hydr. Kopiereinrichtung
d Kreuzschlitten und 4-fach Revolverkopf
e Planschlitten
f Portalladeeinrichtung
g Portalladeeinrichtung

Bild 5: Baukastensystem eines frontbedienten Drehautomaten (Werkbild: Pittler)

4. *Maschinensteuerungen*

4.1. *Entwicklungsschwerpunkte*

Verglichen mit den Entwicklungen auf dem Sektor der mechanischen Baugruppen hat der größte Entwicklungssprung in den letzten Jahren auf dem Gebiet der Steuerungstechnik stattgefunden. Aufbauend auf den Fortschritten der Basis-Technologie der Halbleiterbausteine sind heute bei numerischen Steuerungen zwei Entwicklungsrichtungen zu unterscheiden.

Als erstes sei hier die Entwicklung von wenig aufwendigen *low-cost*-Systemen genannt, die selbst an handbedienten Maschinen auf breiter Ebene eingesetzt werden. Die zweite Entwicklungsrichtung ist dadurch gekennzeichnet, daß immer aufwendigere und komplexere NC-Systeme – bis hin zu verketteten Systemen für komplette Bearbeitungsfolgen – durch die Fortschritte auf dem Halbleitergebiet in den Bereich der Wirtschaftlichkeit rücken. Der durch Personalkostenentwicklung und Arbeitszeitregelung begründete Zwang zu immer höheren Automatisierungsstufen verstärkt diese Tendenz.

In Bild 6 ist an einer Steuerung mit einigen beispielhaften Standardfunktionen (Basis-Funktionen) dargestellt, welche Entwicklungsschwerpunkte hinsichtlich Funktionsumfang, Ausstattung und Steuerungskonzept momentan auf dem NC-Sektor zu beobachten sind. In der letzten Zeit lag das Hauptgewicht dabei auf einer Unterstützung der NC-Programm-Erstellung und der Implementierung zusätzlicher Bedien- und Bearbeitungsfunktionen. Hier ist heute eine hohe Komfortstufe erreicht. Funktionen zur Erhöhung der Bearbeitungsgenauigkeit – Kompensationsberechnungen, Werkzeugüberwachung, stabile Antriebsregelung – werden bereits eingesetzt oder befinden sich in der Entwicklung. Zur Verkettung von Maschinen und zur Übertragung von Betriebsdaten werden einzelne Informationsschnittstellen zur Steuerung angeboten. Während die Selbstdiagnose von Steuerungen bereits weit verbreitet ist, beschränkt sich die Überwachung und Diagnose der gesamten Maschinenanlage heute auf einige Grenzwertmelder. Dieser Aspekt wird aber mit steigendem Automatisierungsgrad und steigender Komplexität der Anlagen zunehmend wichtiger.

Die *Speicherprogrammierbare Steuerung* (SPS) ist heute üblicherweise integraler Bestandteil der NC. Bei einigen angebotenen Steuerungssystemen ist sie mit Hilfsfunktionen versehen, die vom Anwender über das Bedienfeld aufgerufen werden können. Zur Steuerung verketteter Anlagen dienen SPS häufig als übergeordnete Einheit zur Synchronisierung der einzelnen Elemente der verketteten Anlage. Des weiteren ist anzumerken, daß heute flexiblere Steuerungsstrukturen entwickelt werden, um Steuerungen an Maschinen mit unterschiedlichen Bearbeitungsverfahren oder mit größerer Anzahl zu steuernder Achsen anpassen zu können.

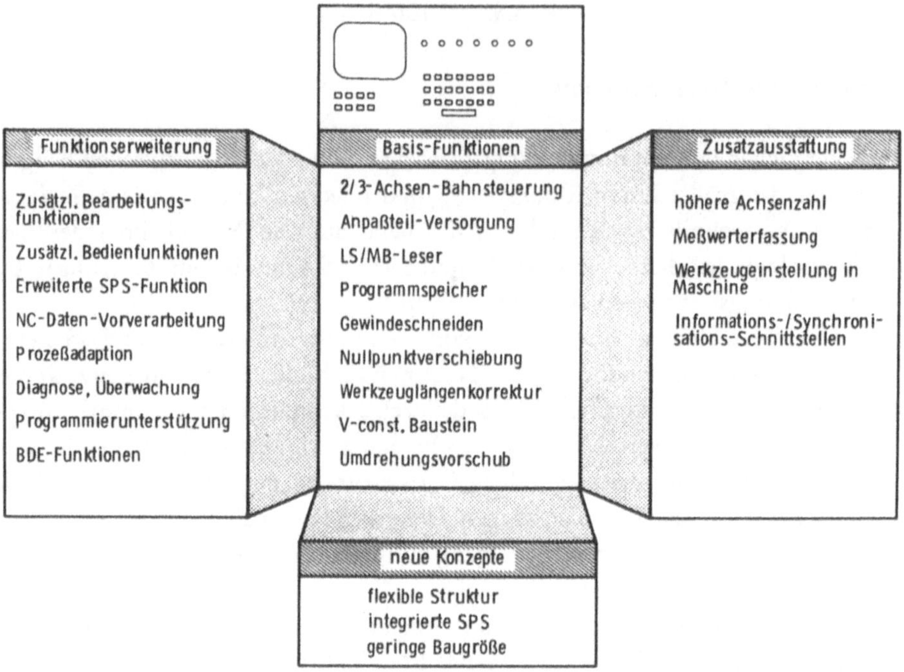

Bild 6: Basis-Funktionsumfang und Entwicklungsschwerpunkte bei numerischen Steuerungen

4.2. Programmiertechnik und -hilfsmittel

Nach der Einführung der NC-Technik zeigte sich sehr bald, daß nur umfangreiche strukturelle Änderungen in der Betriebsorganisation – vor allem im Bereich der Arbeitsvorbereitung – zu einem optimalen Einsatz der NC-Maschinen führen konnten. Eine der Ursachen dafür war die relativ aufwendige NC-Programmerstellung. Die auf dem Sektor der Programmerstellung früh einsetzende intensive Entwicklung führte zunächst zu aufwendigen Programmiersystemen. Aber erst seitdem in letzter Zeit die Programmerstellung mit komfortabler Programmierunterstützung direkt an der Steuerung ermöglicht wurde, ist ein Vordringen der NC-Technik auch in kleineren Betrieben zu verzeichnen.

Anhand des Bildes 7 sollen einige Hilfsmittel, die an modernen Handsteueranlagen zur Verfügung stehen, vorgestellt werden. Die Symboltasten sowie die Menü-Technik unterstützen den Programmierer bei der Eingabe und vermeiden syntaktische Fehler. Durch Zyklen- sowie Unterprogrammtechnik mit Schachtelung der Unterprogramme und Konturzugprogrammierung wird ein einfacher Programmaufbau ermöglicht. Zeitraubende geometrische Berechnungen führt die Steuerung im Vorlauf selbsttätig durch. Bei der *Teach-in*-Programmierung wird die

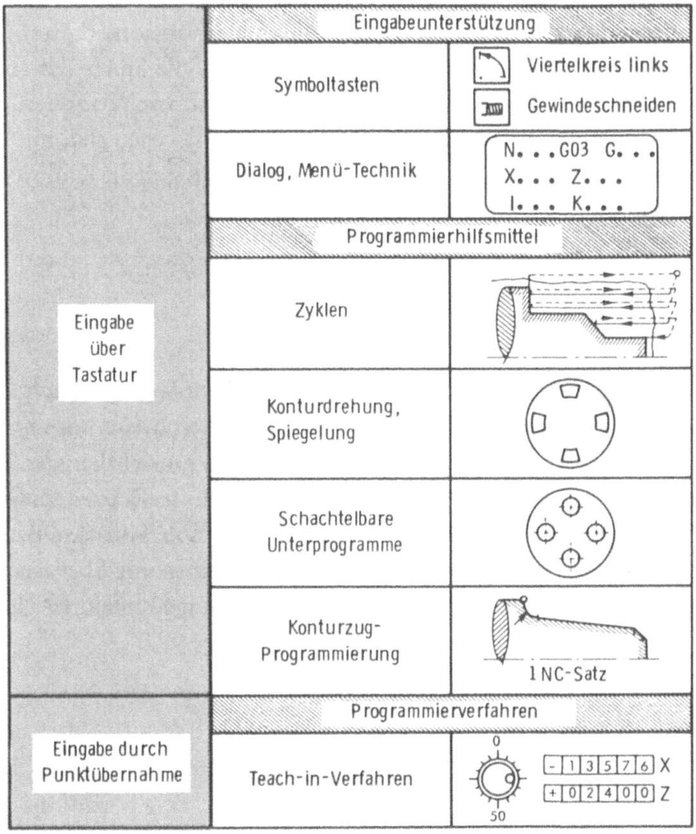

Bild 7: Hilfsmittel zur NC-Programmerstellung an Handeingabesteuerungen

Maschine von Hand – vorzugsweise mit einem elektronischen Handrad – verfahren, und die vom Programm anzufahrenden Punkte werden per Knopfdruck übernommen.

Ein Problem in diesem Zusammenhang ist allerdings noch nicht befriedigend gelöst: Der Test der an der Steuerung erstellten Programme muß ohne eine Möglichkeit zur intensiven vorherigen Prüfung weitgehend noch auf der Maschine durchgeführt werden. Dieses Verfahren senkt die Produktivität der Maschinenanlage und führt leicht zu Beschädigungen der Maschine, da die von der Steuerung etwa bei Zyklenprogrammierung generierten Bearbeitungsfolgen nur schwer anhand der Programmdokumentation zu überprüfen sind.

Einzelne Steuerungen auf dem Markt stellen allerdings schon erweiterte Überwachungsmöglichkeiten zum Kollisionsschutz zur Verfügung. Dabei wird während der Bearbeitung ständig überprüft, ob die beweglichen Teile im Arbeitsraum programmierbare Grenzkurven oder Sicherheitsabstände überschritten haben.

Ein Beispiel dazu ist auf Tafel IIIb) dargestellt. Hierbei handelt es sich um eine Drehmaschine mit zwei unabhängig voneinander positionierbaren Werkzeugträgern. Im NC-Programm lassen sich – bezogen auf die Spitze des angewählten Werkzeugs – mit Hilfe von drei Parametern Kollisionsschutzzonen definieren. Diese Zonen sind an die Werkzeuge gekoppelt und bewegen sich mit ihnen. Die Steuerung unterbricht den Bearbeitungsvorgang, wenn sich die Kollisionsbereiche an einer Stelle überdecken.

4.3. Struktur der Steuerung

Um das Innenleben der „Black Box"-Steuerung ein wenig aufzuhellen, ist im Bild 8 die interne Struktur einer modular aufgebauten Steuerungsfamilie dargestellt. Erweiterungsmöglichkeiten sind hier vor allem hinsichtlich der Zahl der zu steuernden Achsen durch Nachrüsten von Microcomputer-Karten mit Geometriesoftware gegeben. Die integrierte SPS stellt komfortable Software-Bausteine zur Verfügung, die vom Anwender bei der SPS-Programmierung über das Bedienfeld in einer speziellen Sprache in den Steuerungsablauf eingebunden werden können.

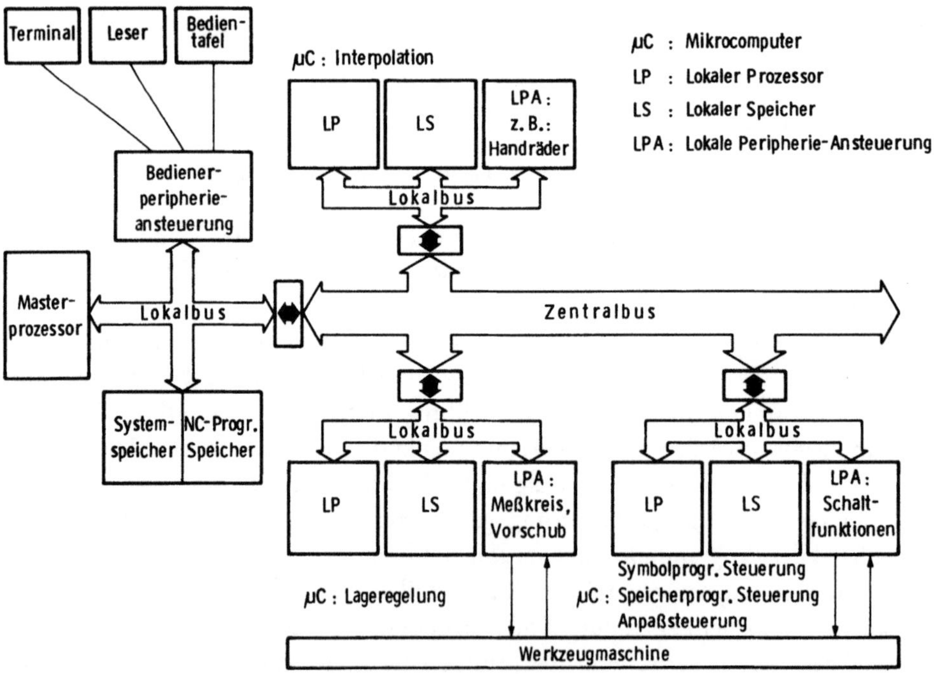

Bild 8: Struktur der Steuerung „Sinumerik 8 MC" (nach: Siemens)

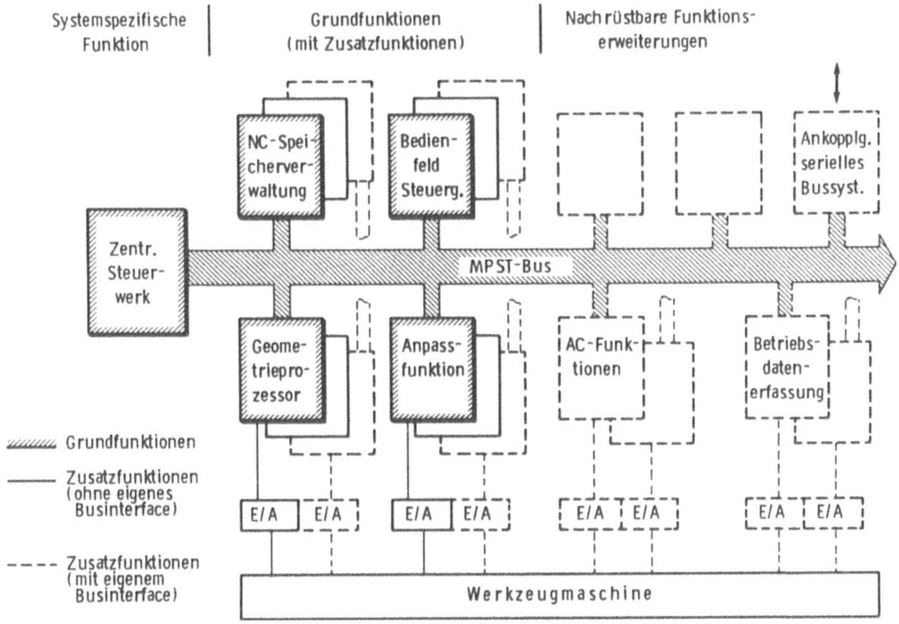

Bild 9: Verteilung der Funktionen in einem Mehrprozessor-Steuersystem (MPST)

Eine noch weitergehende Modularisierung sowohl der Steuerungshardware als auch der -software wurde bei dem in Bild 9 dargestellten MPST-System (MPST ≙ Mehrprozessor-Steuerung) vorgenommen. Das System ist um zahlreiche unterschiedliche Funktionen erweiterbar. Auch Maschinenhersteller und Anwender mit Erfahrungen auf dem Mikroprozessorsektor können Erweiterungen in das System einbinden, da die Hard- und Software-Schnittstellen definiert und beschrieben sind.

5. *Maschinenüberwachung*

5.1. *Überwachungsstrategien*

Der ständig steigende Automatisierungsgrad am System Steuerung-Werkzeugmaschine-Beschickungseinrichtung ermöglicht eine zusätzliche Aktivierung von Produktionsreserven durch Einsatz von diesen Fertigungseinrichtungen in zusätzlichen Schichten. Weitere Produktionskapazitäten sind in den Ausfallzeiten sowie in den Ausschuß- und Nacharbeitsquoten gebunden. Nutzen lassen sich diese Reserven nur, wenn die Fertigungseinrichtungen um geeignete Überwachungs-

und Diagnosesysteme erweitert werden, die einerseits die vielfältigen Überwachungsaufgaben des Bedienpersonals übernehmen, andererseits im Fehlerfall Fehlerort und -ursache schnell bestimmen lassen.

Mit Hilfe der Diagnose (Bild 10) ist es möglich, die Funktion und Qualität der am Fertigungsprozeß beteiligten Komponenten, dies sind die Maschine mit Werkzeug, Werkstück und den zugehörigen Handhabungs- und Transporteinrichtungen sowie die Steuerung und der Fertigungsprozeß selbst, sicherzustellen. Das Mittel hierfür ist die Diagnose, die direkt durch Auswertung von Maschinenparametern oder indirekt z. B. durch Messungen am Werkstück kontinuierlich oder periodisch, automatisch oder manuell durchgeführt werden kann.

Zur technisch-organisatorischen Realisierung jeder Überwachungsaufgabe steht eine Vielzahl alternativer Überwachungsstrategien zur Auswahl. Welche dieser Strategien dabei jeweils am günstigsten einzusetzen ist, hängt u. a. vom Ziel der Überwachung, d. h. zum Beispiel dem gewünschten Automatisierungsgrad des Gesamtsystems, der Zuverlässigkeit der Meßwerterfassung sowie den Qualitätsan-

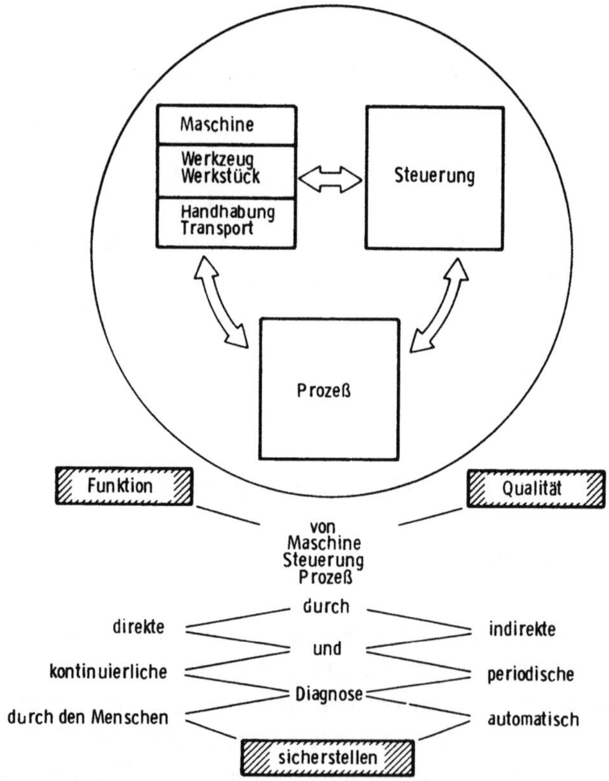

Bild 10: Aufgabe der Maschinendiagnose

forderungen des Werkstückspektrums ab. Werden diese und weitere Randbedingungen berücksichtigt, so ist es möglich, eine geeignete Überwachungsstrategie zu ermitteln, die durch eine Reihe unterschiedlichster Bestimmungsgrößen definiert wird.

Für jeden Anwendungsfall kommen je nach Ausprägung der Randbedingungen unterschiedliche Strategien in Frage. Eine mögliche Lösung des Problems der Werkzeugbrucherkennung (Bild 11), die unter der Zielsetzung unbeaufsichtigt ablaufender Fertigungsprozesse als eine zentrale Aufgabe anzusehen ist, wird im wesentlichen charakterisiert durch

- Überwachung während des laufenden Prozesses,
- kontinuierliche Meßwertaufnahme,
- damit verbunden vernachlässigbar kurze Erfassungsdauer je Meßwert.

Es zeigt sich, daß Häufigkeit und Zeitpunkt, an dem Aufgaben der Überwachung und Diagnose durchgeführt werden, eine Gliederungsmöglichkeit des weiten Aufgabenfeldes bilden. Eine solche Gliederung nach einem relativ groben zeitlichen Raster ist in Bild 12 dargestellt.

Es gibt Diagnoseaufgaben, die kontinuierlich z. B. während der gesamten Betriebszeit der Maschine oder während eines Bearbeitungsganges durchgeführt werden müssen. Die Temperatur im Schaltschrank der NC-Steuerung muß bei-

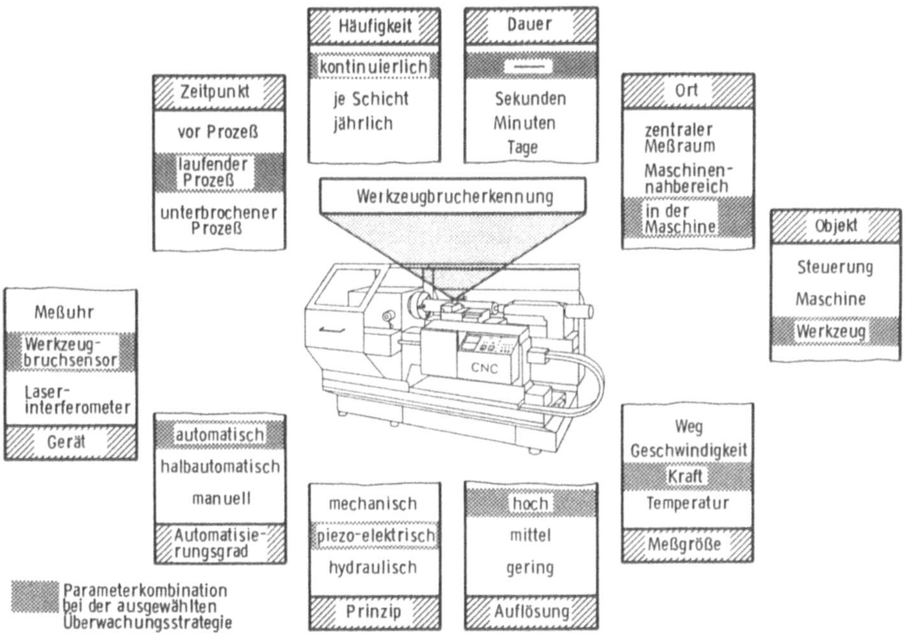

Bild 11: Beispiel einer möglichen Überwachungsstrategie zur Werkzeugbrucherkennung

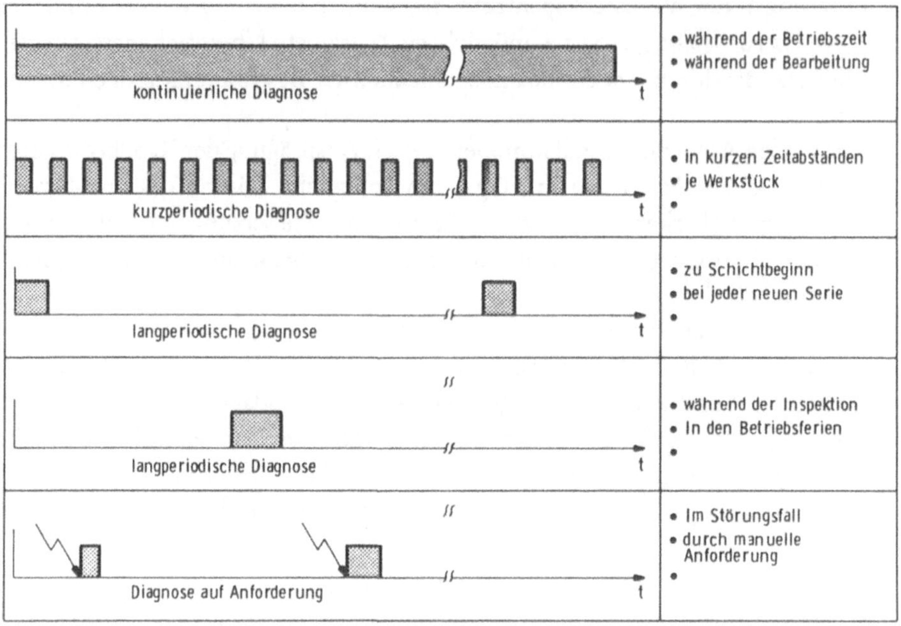

Bild 12: Zeitliche Einteilung von Diagnoseaufgaben

spielsweise während der gesamten Betriebszeit der Maschine überwacht werden, die Schnittkraft dagegen wird sinnvollerweise nur während der Bearbeitung überwacht.

Dann gibt es Parameter, die periodisch überwacht werden müssen. Ein einfaches Beispiel hierfür ist die Zentralschmierung. In Zeitabständen von einigen Minuten kommt ein Schmierimpuls. Während dieses Schmierimpulses müssen die Höhe des dabei auftretenden Druckes und der Schmiermitteldurchsatz überwacht werden. Andere Überwachungsaufgaben, z. B. Meßaufgaben, werden nur einmal je Werkstück durchgeführt. Die Überwachung des Spannweges erfolgt z. B. nur einmal beim Spannen eines jeden Werkstückes. Neben diesen kurzperiodischen Aufgaben gibt es auch die langperiodische Diagnose, die nur einmal je Schicht oder vor Beginn einer neuen Werkstückserie durchgeführt wird. Als letztes sind noch die Diagnoseaufgaben zu nennen, die nur sporadisch anfallen, sei es durch eine Störung an der Maschine oder durch eine gezielte, manuell eingeleitete Diagnose.

5.2. Überwachungsaufgaben

Die Aufgaben der Überwachung untergliedern sich in die Teilaufgaben Zustandserfassung, Zustandsvergleich und Diagnose (Bild 13).

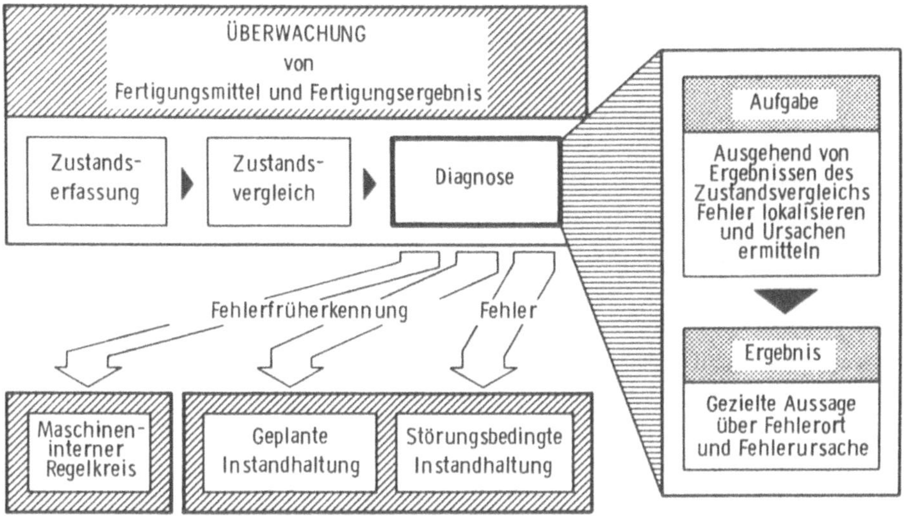

Bild 13: Aufgaben der Überwachung und Diagnose

Die Zustandserfassung beinhaltet die Aufnahme von Meßwerten, Maschinenkennwerten und -parametern, die den gegenwärtig vorliegenden Zustand des Fertigungsmittels wiedergeben. Der Zustandsvergleich ist der Vergleich dieses Istzustandes mit einem vorgegebenen Sollzustand. Dieser Sollzustand wird je nach betrachtetem Parameter durch die bei der Maschinenabnahme festgestellten Maschinendaten unter Berücksichtigung umweltbedingter Veränderungen beschrieben oder durch vorgegebene prozeß-, werkstück- und werkzeugabhängige Größen definiert.

Der Zustandsvergleich erfüllt zwei Hauptaufgaben. Dies sind zum einen die Überprüfung von Grenzwerten und Trends und zum anderen die Kontrolle zeitlicher Abläufe. Als Grenzwerte kommt eine Vielzahl von Betriebsparametern der Maschine in Betracht, z.B. Temperaturen, Drücke, Wege, Schaltzeiten usw., deren Überschreiten Rückschlüsse auf Fehler zuläßt.

Das Ergebnis des Zustandsvergleiches sind die „Symptome", die als Eingangsgrößen für die eigentliche Diagnose dienen. Die Diagnose wertet die Ergebnisse des Zustandsvergleiches aus, lokalisiert den Fehlerort und ermittelt die Fehlerursache. Das Ergebnis der Diagnose ist eine gezielte Aussage. Darüber hinaus ermöglicht die als Diagnoseergebnis vorliegende detaillierte Aussage über Fehlerort und Fehlerursache bei frühzeitigem Erkennen des Fehlers eine Kompensation der auftretenden Abweichungen über einen maschineninternen Regelkreis. Andererseits kann eine gegebenenfalls notwendig werdende Reparatur dann ebenfalls gezielt angegangen werden. Die als Fehlerfolge auftretenden Ausfallzeiten und die damit verbundenen

Kosten können so erheblich gesenkt werden. Trendauswertungen ermöglichen es darüber hinaus, Fehler schon in ihrer Entwicklung zu erkennen und so Folgefehler zu vermeiden.

Weiterhin können Ersatzteilbestellungen und andere organisatorische Maßnahmen frühzeitig eingeleitet werden. Gelingt es außerdem, die Instandsetzungsarbeiten außerhalb der normalen Produktionszeiten einzufügen, so werden mit einer solchermaßen geplanten und nicht unmittelbar störungsbedingten Instandhaltung die Fehlerfolgekosten weiter reduziert. Negative Auswirkungen, besonders in bezug auf die Qualität des Fertigungsergebnisses, lassen sich zum Teil vermeiden, wenn die Einflüsse, die nicht zu Ausfällen der Maschine, zu Funktionsbeeinträchtigungen oder -störungen sowie zu Folgeschäden führen, mit Hilfe eines maschineninternen Regelkreises kompensiert werden.

5.3. Beispiele zur Maschinenüberwachung

Die Klassifizierung von Diagnoseaufgaben nach Zeitpunkt und Häufigkeit, wie sie zuvor beschrieben wurde, soll im folgenden an einigen Beispielen näher erläutert werden.

Vor Beginn einer Schicht sollte die Maschine zunächst einem kurzen allgemeinen Funktionstest unterzogen werden, wie in Bild 14 skizziert. Neben der optischen Kontrolle durch den Maschinenbediener ist es hier sinnvoll, die Maschinengeometrie zu überprüfen. Dazu wird statt eines Werkzeuges ein Meßtaster eingewechselt, und in einem speziellen Meßzyklus werden Referenzpunkte am Tisch angetastet. Dieser Antastvorgang wird bei verschiedenen Tischpositionen wiederholt. Die Auswertung der Messungen gibt einen Überblick über die Positioniergenauigkeit, d. h. über den geometrischen Zustand der Maschine.

In einem weiteren Meßzyklus kann der Motorhochlauf der Vorschubantriebe ohne Last geprüft werden. Drehzahlverlauf, Motorstrom und Schleppabstand werden hierbei gemessen. Aus den Meßwerten läßt sich eine Aussage über die Antriebsdynamik ableiten. Exaktere Aussagen sind möglich, wenn ein Meßnormal zur Verfügung steht, das mit einem Taster abgefahren werden kann.

Ein wichtiger Punkt, der zum großen Teil bei den käuflichen Steuerungen schon realisiert ist, ist ein Selbsttest der CNC-Steuerung. Neben den laufend aktiven Überwachungen, z. B. Taktüberwachung, gibt es auch hier Tests, die einmalig zu Beginn einer Schicht durchgeführt werden sollten. Beispiele hierfür sind der Speichertest und der Test des Lochstreifenlesers.

Ein weiterer, einfach durchzuführender Test ist die Überprüfung der Schmierung und der Reibverhältnisse aller Führungsbahnen. Durch das Verfahren der Achsen ohne Last und gleichzeitige Messung des Motorstromes kann frühzeitig eine Verschlechterung des Führungsbahnzustandes erkannt und Abhilfe geschaf-

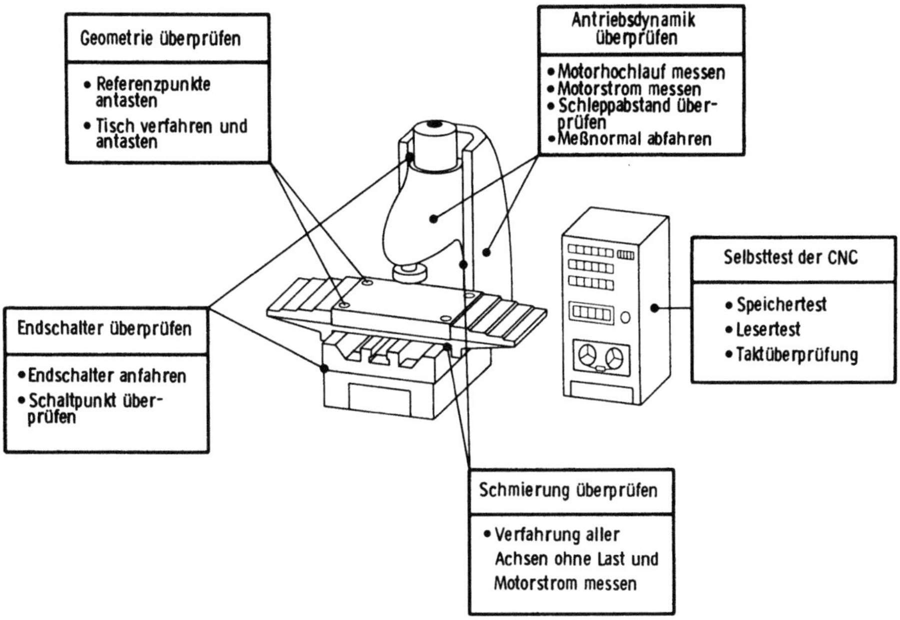

Bild 14: Allgemeiner Funktionstest vor Schichtbeginn

fen werden. Hierzu ist eine entsprechende Trendauswertung über der Einsatzdauer erforderlich.

Ein ebenfalls einfach durchzuführender Test ist die Überprüfung von Schaltern. Durch Auslösen verschiedener Schaltfunktionen oder Anfahren der Endschalter in allen Achsen kann aus dem Schaltzeitpunkt und der Stärke des Schalterprellens auf deren Zustand geschlossen werden.

Als Beispiel für ein Prozeßdiagnosesystem ist auf Tafel IVa) die optische Rohteilerfassung an einer Drehmaschine dargestellt.

Nachdem durch den allgemeinen Funktionstest sichergestellt wurde, daß die Maschine funktionsfähig ist, kann die Fertigung beginnen. Vor der Bearbeitung des eingespannten Werkstückes wird nun die Rohteilgeometrie und damit das Aufmaß erfaßt. Zu diesem Zweck ist auf dem Werkzeugträger eine Zeilenkamera befestigt. Eine auf dem Schlitten angebrachte Leuchte erzeugt ein Schattenbild des Werkstückes, das von der Kamera erfaßt wird. In einem Mikrorechner wird aus den Kamerasignalen der Durchmesser des Werkstückes berechnet. Hat der Werkzeugschlitten einmal die gesamte Werkstücklänge mit hoher Vorschubgeschwindigkeit abgefahren, ist die Rohteilgeometrie bekannt. Es kann nur das jeweilige Aufmaß durch eine Korrektur der NC-Sätze berücksichtigt werden. Bei größeren Aufmaßen ist mit einer entsprechenden Strategie auch eine automatische Schnittaufteilung möglich. Die NC-Satz-Korrektur und die automatische Schnittaufteilung können beide losgelöst von der NC-Steuerung der Maschine vorab in dem Mikrorechner erfolgen. Im rechten Bildteil ist die realisierte Anordnung von Kamera und Leuchte in einer Drehmaschine zu sehen.

Während des Bearbeitungsvorganges gibt es eine ganze Reihe von Parametern, die kontinuierlich im laufenden Prozeß überwacht werden sollten. In Bild 15 sind Beispiele für diese Prozeßüberwachung beim Drehen, Erodieren und Fräsen gezeigt. Mit Hilfe eines Drei-Komponenten-Zerspankraftmeßrevolvers werden die drei Schnittkraftkomponenten F_s, F_p und F_v erfaßt. Die Analyse der Schnittkraftverläufe kann neben vielen anderen Aussagen auch Auskunft über Werkzeugverschleiß und Werkzeugbruch geben.

Ein Infrarotsensor, der über die Wärmeabstrahlung der Späne deren Flugrichtung erfaßt, kann zur Erkennung der Spanform dienen.

Ein Beispiel für eine Prozeßregelung ist im mittleren Bildteil für das Erodieren dargestellt. Mit Hilfe einer Meßspannung $U_{Meß}$ wird im laufenden Prozeß die Leitfähigkeit der elektrischen Flüssigkeit gemessen. Da die Messung nicht kontinuierlich, sondern nur in den Impulspausen erfolgen kann, werden die Meßwerte in einer *Sample and Hold*-Stufe zwischen den Messungen gespeichert. Aus diesem Signal wird nach Filterung eine Stellgröße Q_{Soll} für den Durchfluß der dielektrischen Flüssigkeit abgeleitet.

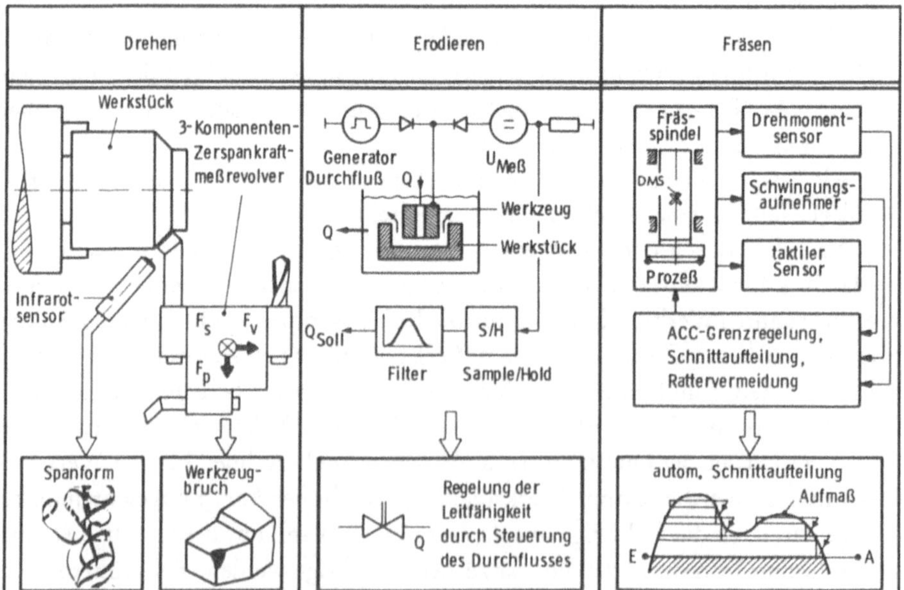

Bild 15: Beispiele für Prozeßüberwachung und -diagnose

Als letztes seien noch Beispiele für die Prozeßregelung und -überwachung beim Fräsen gezeigt.

Auf die Frässpindel aufgeklebte Dehnmeßstreifen ermöglichen die Erfassung des Drehmomentes. Vorschub und Spindeldrehzahl können nun so geregelt werden, daß die Maschine immer voll ausgelastet, aber nicht überlastet wird. Zusammen mit einem taktilen Sensor für die Annäherungs- und Unterschnitterkennung ist damit auch die automatische Schnittaufteilung realisierbar. Zusätzliche Schwingungsaufnehmer überwachen den Prozeß im Hinblick auf Rattern. Durch eine Strategie der Drehzahlvariation oder durch Ansteuern eines aktiven Dämpfers wird das Rattern unterdrückt.

Ebenso wie der Überwachung des Gesamtsystems Werkzeugmaschine kommt speziell der Überwachung des ausführenden Elementes, also des Werkzeuges, besondere Bedeutung zu. Es ist bereits eine ganze Reihe von Systemen zur Erkennung von Werkzeugbruch und -verschleiß entwickelt worden. Neben der Auswertung von Schnittkraftsignalen wurden optische, elektrische und pneumatische

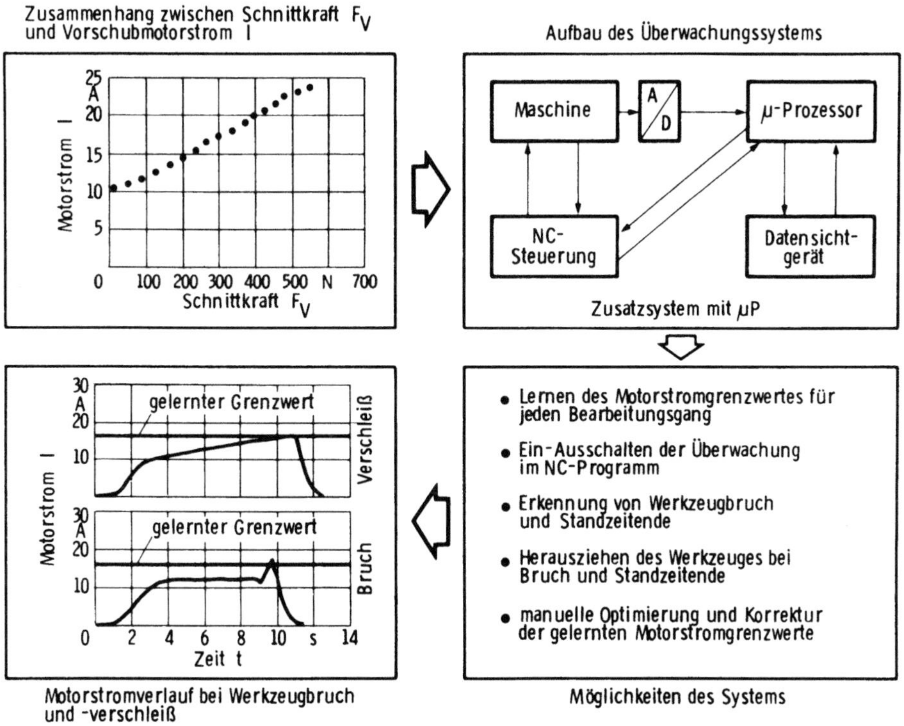

Bild 16: Erkennung von Werkzeugbruch und Werkzeugverschleiß durch Überwachung des Vorschubmotorstroms

Sensoren für diese Zwecke angewendet. Neuere Entwicklungen bei Drehmaschinen in Japan nutzen den linearen Zusammenhang zwischen Vorschubmotorstrom und Schnittkraft in Vorschubrichtung aus, wie in Bild 16 oben links gezeigt. Die Messung des Vorschubmotorstroms ist relativ einfach und mit wenig Aufwand durchzuführen. Mit einem Zusatzsystem auf Mikrorechnerbasis, oben rechts im Bild, das über einen Analog-/Digitalwandler den Vorschubmotorstrom erfaßt und mit der NC-Steuerung der Maschine gekoppelt ist, ergeben sich folgende Möglichkeiten:

- Lernen des Motorstromgrenzwertes für jeden Bearbeitungsvorgang, indem bei der Fertigstellung des ersten Teils einer Serie der maximal auftretende Wert des Motorstroms bei jedem Bearbeitungsschritt als zulässiger Grenzwert abgespeichert wird.
- Erkennung von Werkzeugbruch und Standzeitende.
- Herausziehen des Werkzeuges bei Bruch und Standzeitende.
- Manuelle Optimierung und Korrektur der gelernten Motorstromgrenzwerte.

Ein weiteres Hilfsmittel zur Erfassung von relevanten Daten aus dem Bearbeitungsprozeß ist der Fahrtenschreiber für Werkzeugmaschinen. Das Prinzip eines solchen Fahrtenschreibers ist in Bild 17 dargestellt. Wichtige Informationen und Daten wie

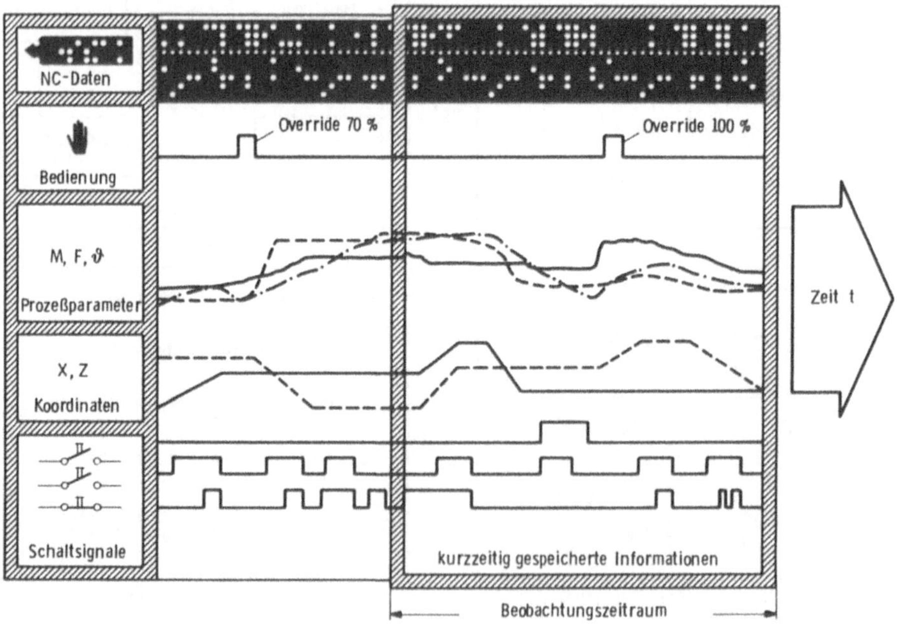

Bild 17: Prinzip eines Fahrtenschreibers für Werkzeugmaschinen

- aktuelle NC-Satz-Daten,
- Bedienungseingriffe,
- Prozeßparameter (Drehmomente, Kräfte, Temperaturen usw.),
- Maschinenparameter (Wege, Drehzahlen, Vorschübe),
- Schaltsignale

werden für eine gewisse Zeitspanne festgehalten. Dies ist in Bild 17 durch den längs der Zeitachse verschiebbaren Rahmen angedeutet. Der Rahmen stellt den Beobachtungszeitraum dar. Alle Informationen innerhalb des Rahmens sind gespeichert und jederzeit zugänglich. Im Normalfall bewegt sich der Rahmen mit der Zeit *t* vorwärts, es werden laufend neue Informationen aufgenommen, alte Informationen gehen dafür verloren. Tritt eine schwerwiegende Störung an der Maschine auf, wird der Rahmen angehalten, d. h. die Informationen und Daten einer kurzen Zeit vor der Störung bis zum Auftreten der Störung werden festgehalten. Die genauere Analyse dieser Informationen kann in vielen Fällen zur Ermittlung der Störungsursache führen. Wesentliche Probleme bei der Realisierung eines Fahrtenschreibers sind die Auswahl an Informationen und Daten, die gespeichert werden, die Länge des Beobachtungszeitraumes und die Entwicklung eines Verfahrens, das es ermöglicht, eine auftretende Störung an der Fertigungseinrichtung zu erkennen, um den Fahrtenschreiber anzuhalten.

5.4. Durchführung der Überwachung

In den vorangegangenen Beispielen wurde kaum auf die Frage eingegangen: „Wer führt die Zustandserfassung, den Zustandsvergleich und die Diagnose durch?“ Die Komplexität vieler Diagnoseaufgaben bedingt für die Durchführung dieser Aufgaben den Einsatz einer intelligenten Steuerung. Mit der CNC und der speicherprogrammierbaren Steuerung sind schon zwei intelligente Steuerungen an einer Werkzeugmaschine vorhanden.

Die SPS überwacht hierbei vor allem alle Schaltvorgänge an der Fertigungseinrichtung, während die CNC – auch unter Einsatz zusätzlicher Sensoren – komplexere Überwachungen und Diagnosen an Fertigungseinrichtung und Prozeß übernimmt. In Bild 18 sind einige der Möglichkeiten der Überwachung und Eigendiagnose der CNC aufgezeigt. Die Prüfung des NC-Programm-Speichers durch Einschreiben, Wiederauslesen und Vergleichen von Zeichen, die Plausibilitätskontrolle von Bedienfeldeingaben – z. B. Start der Bearbeitung erst nach erfolgter Referenzpunktfahrt – und die Überprüfung der vom Lochstreifenleser gelieferten Zeichen durch Quer- und Längsparity sowie auf zugelassene M- und G-Funktionen sind heute schon Stand der Technik. Das gilt ebenso für die Überwachung der Lüftung, der vom Netzteil gelieferten Spannungen, des Batteriezustandes und der Temperatur im Schaltschrank.

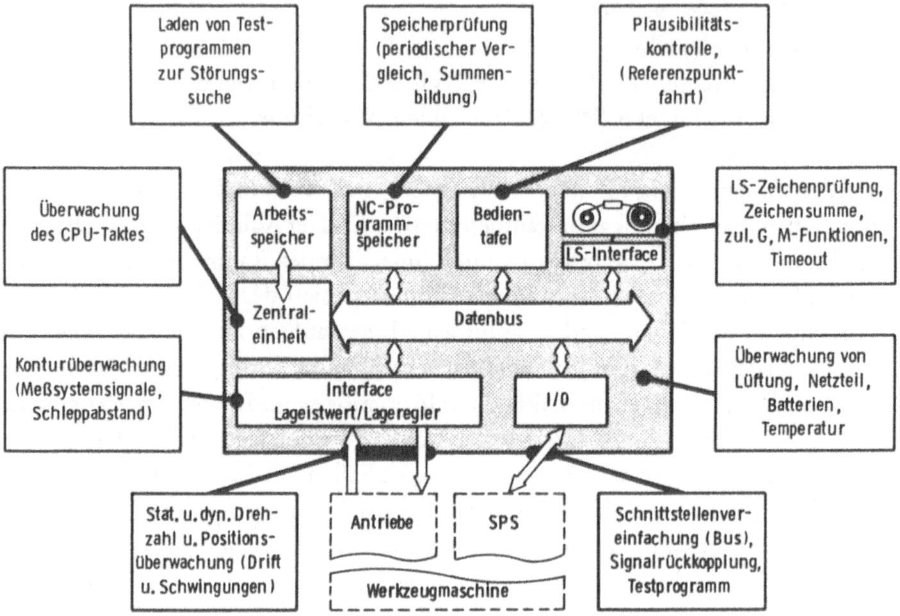

Bild 18: Überwachung und Eigendiagnose der CNC

Mit Hilfe von Testprogrammen, die entweder permanent in der CNC vorhanden sind oder nachträglich eingelesen werden können, lassen sich unter anderem die Ein-/Ausgabeschnittstellen testen.

Daneben gibt es noch die Positionsüberwachung für alle Achsen, die Drift und Schwingungen kontrolliert, die Überwachung der verfahrenen Kontur durch Überwachung der Meßsysteme und Antriebe sowie die Taktüberwachung des Rechnertaktes.

Bei entsprechender Auslegung der CNC-Steuerung läßt sich auch eine effektive Ferndiagnose per Telefon durchführen (Bild 19). Die CNC erhält dazu einen zusätzlichen Diagnoserechner, an den der schon erwähnte Fahrtenschreiber und eine elektrische Sonde angeschlossen sein können. Der Diagnoserechner kann über die Telefonleitung mit dem zentralen Diagnosezentrum des Herstellers kommunizieren. Gesteuert wird der gesamte Ablauf durch einen Service-Techniker beim Hersteller und einen Mann an der Maschine. Der Hersteller verfügt über eine Anzahl von Diagnoseprogrammen für verschiedene Maschinen- und Steuerungskomponenten, wie Antriebe, Spindel, Netzgeräte, Lochstreifenleser usw. Diese Programme können per Telefon zum Diagnoserechner überspielt und dort zum Ablauf gebracht werden. Die Resultate werden zusammen mit Meßwerten, die mit Hilfe der elektronischen Sonde aufgenommen werden können, zum zentralen Dia-

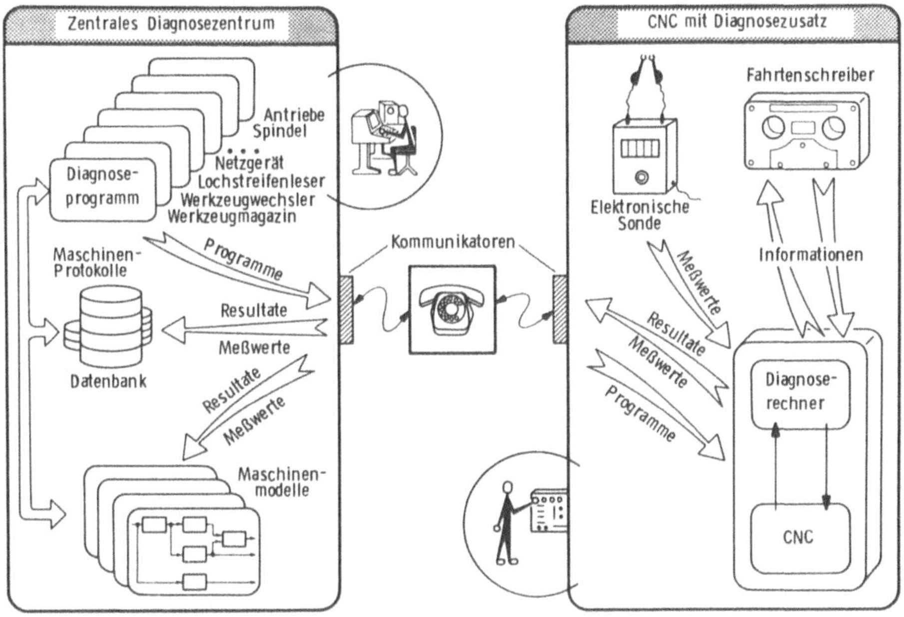

Bild 19: Beispiel für Telefondiagnose (nach: Kearny u. Trecker)

gnosezentrum übermittelt. Mit Hilfe der dort verfügbaren Datenbank, in der der „Lebenslauf" der Maschine festgehalten ist, und einer Reihe von Maschinenmodellen zur Simulation der Fehlererscheinungen kann ein großer Teil der möglichen Fehlerursachen ermittelt werden.

Die speicherprogrammierbare Steuerung überwacht vor allem Schaltvorgänge. Dazu enthält sie, wie auf Tafel IV b) zu sehen, eine Reihe von Störungsanzeigen, die einen auftretenden Fehler signalisieren. Mit der angezeigten Fehlernummer kann aus einer Fehlerliste die genaue Fehlerbeschreibung entnommen werden.

Die Ermittlung von Fehlerursachen kann in der SPS z.B. durch die Programmierung von Fehlerbäumen erfolgen. Ein solcher Fehlerbaum ist in Bild 20 vereinfacht dargestellt. Dieser Baum wird bei Ansteuerung des im Bild dargestellten Hydraulikzylinders zyklisch durchlaufen. Jeder Knoten des Baumes stellt einen Entscheidungspunkt dar, an dem das Zutreffen oder Nichtzutreffen der auf gleicher Ebene in der rechten Spalte angeordneten Aussagen, der „Symptome", entschieden werden muß. Bei Verneinung der jeweiligen Aussagen führt der linke Zweig zum nächsten Entscheidungsknoten, bei Bejahung der rechte Zweig. Auf diese Weise gelangt man schließlich zu einer Fehleraussage, die dem jeweiligen „Symptombild", also der Gesamtheit der zutreffenden und nicht zutreffenden Aussagen, entspricht.

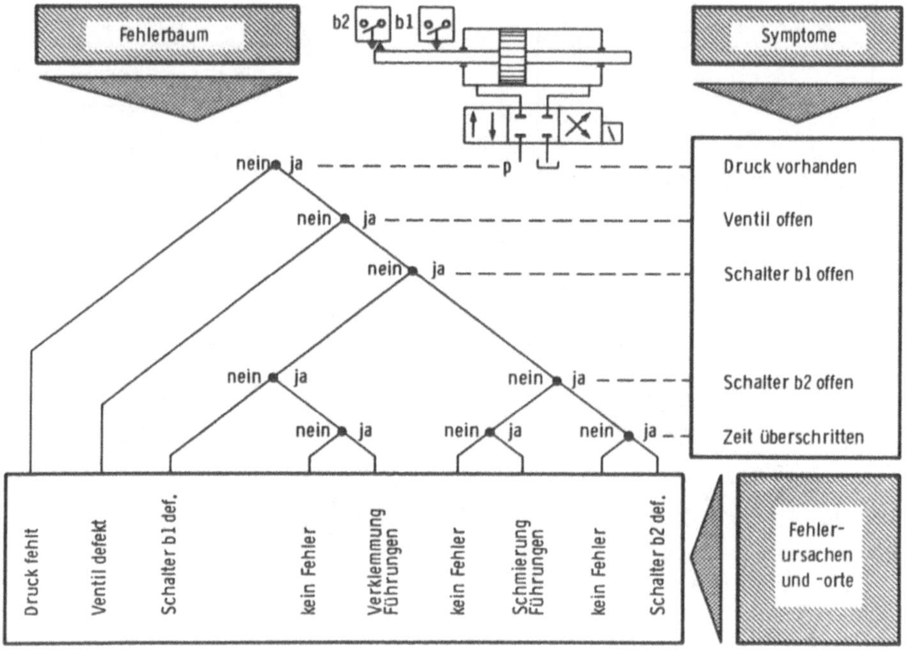

Bild 20: Beispiel eines Fehlerbaumes

Überwachungs- und Diagnosemaßnahmen stellen bei richtiger Auslegung und einer sinnvollen Nutzung der Ergebnisse ein wesentliches Hilfsmittel zur Sicherstellung der Fertigungsqualität sowie zur Reduzierung der Maschinenausfallzeiten dar. Des weiteren ermöglichen sie den Einsatz von Fertigungsreinrichtungen in Schichten mit stark reduziertem Personaleinsatz.

Die Entwicklung umfassender Überwachungs- und Diagnosesysteme steht jedoch erst am Anfang. Um hier die gewünschten Ziele erreichen zu können, bedarf es erheblicher Anstrengungen von seiten der Forschung und der Industrie, was eine enge vertrauensvolle Zusammenarbeit von Werkzeugmaschinenherstellern, -anwendern und Forschungsinstituten erfordert.

a) Anbaufähiges programmierbares Handhabungsgerät (Werkbild: Gildemeister)

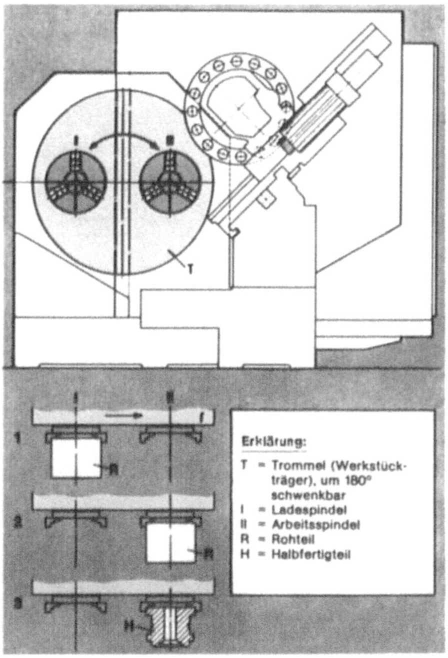

b) Handhabungsgünstige Konstruktion von Werkzeugmaschinen (Werkbild: Heyligenstaedt)

a) Flexibler Werkzeug- und Werkstückwechsel (Werkbild: Cincinnati)

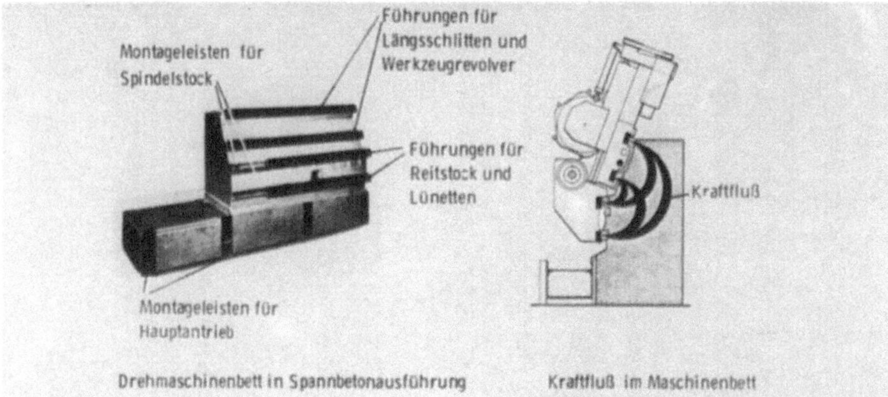

b) Beispiele für Maschinenbetten aus Beton (nach: Georg Fischer)

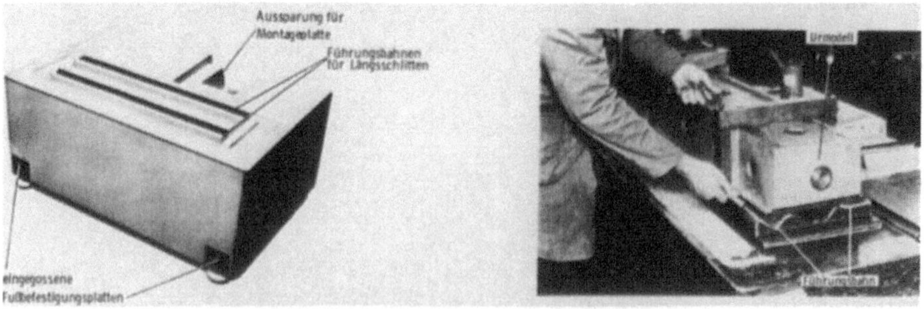

c) Vorbereitung zum Abformen einer Schlittenführung (nach: Studer AG)

Tafel II

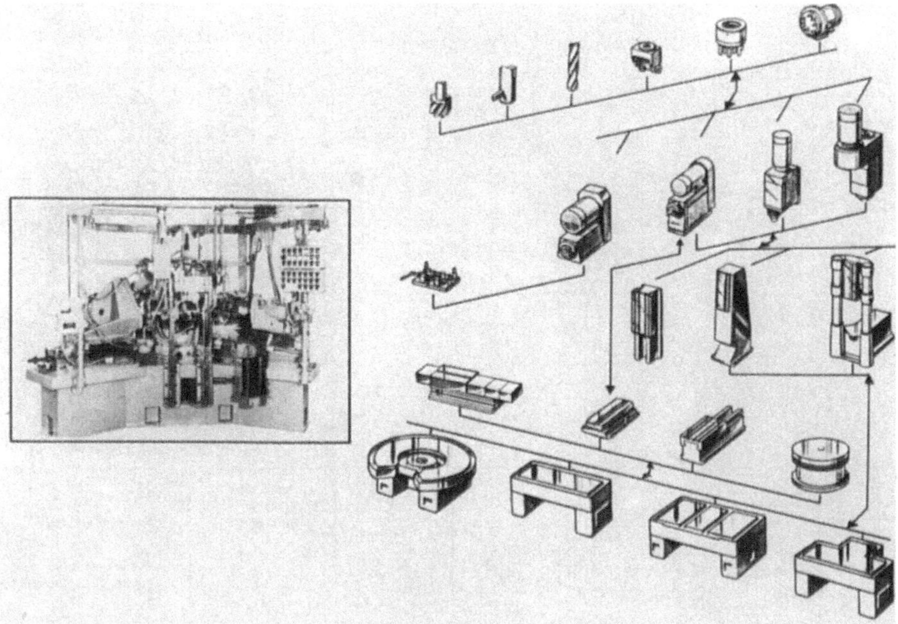

a) Beispiele für ein Baukastensystem im Sondermaschinenbau (Werkbild: Steinel)

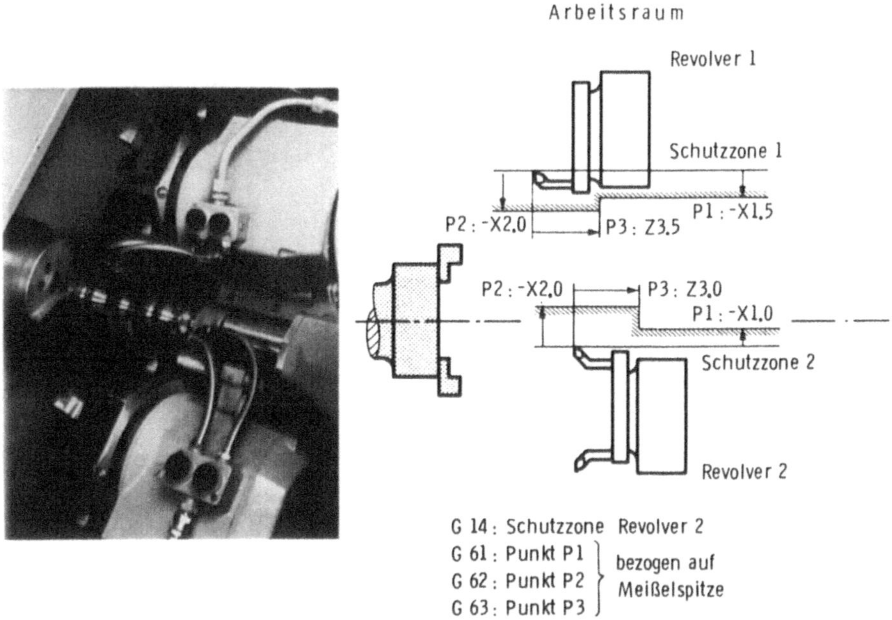

b) Drehmaschine mit Zweifach-Werzeugrevolver und programmierbaren Kollisionsschutzzonen (Werkbild: Okuma)

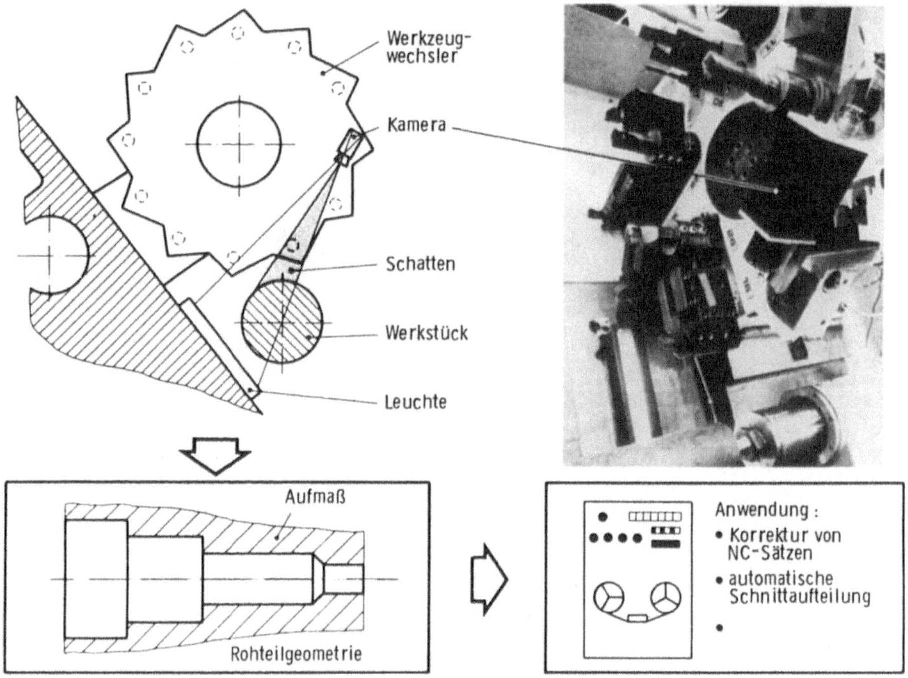

a) Optische Rohteilerfassung an einer Drehmaschine

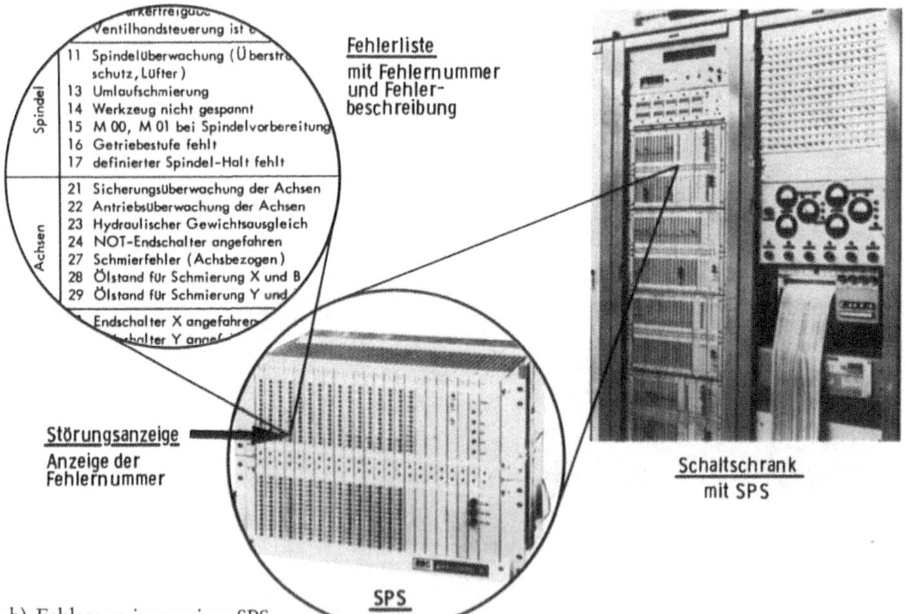

b) Fehleranzeige an einer SPS
Tafel IV

Diskussion

Herr Pischinger: Herr Kollege Weck, Sie haben eindrucksvoll gezeigt, welche Flexibilität man in Fertigungseinrichtungen über Roboter oder flexible Fertigungssysteme heute schon erreicht und zunehmend erreichen können wird. Das regt mich im Zusammenhang mit der Großserienfertigung zum Beispiel für PKW zu einer Frage an. Die Einrichtung einer solchen Großserienfertigung kann ja ungefähr 1 Milliarde DM kosten und ist bekanntlich in der heutigen Form sehr wenig flexibel. Man ist also gezwungen, diese Fertigungseinrichtung über lange Jahre für dasselbe Produkt zu nutzen, und wenn hier der Markt Änderungen erzwingt, dann steht ein Unternehmen ganz übel da. Das hat u. a. auch zu dem Drama der amerikanischen Automobilindustrie in den letzten Jahren geführt. Nach 1979 ist die Nachfrage von den großen Autos relativ schnell auf kleine Autos gesprungen. Die Flexibilität war nicht vorhanden, und der Ausweg am Markt war der Import von kleinen Autos aus Japan. Die entsprechenden finanziellen Auswirkungen sind bekannt. Man hat dann schnell auf kleine Autos umzustellen versucht, aber heute geht der Trend wieder zu größeren Autos, und man sitzt in derselben Klemme.

Nun die Frage: Glauben Sie, daß es mit dem Einsatz der Technologien, die Sie gezeigt haben, möglich sein wird, eine flexible Großserienproduktion derart zu verwirklichen, daß man zum Beispiel ein kleines und ein großes Fahrzeug mit einer akzeptablen Umstellungszeit und mit akzeptablen Umstellungsinvestitionen wird produzieren können? Da spielt natürlich viel hinein, das Pressen, die Bearbeitungsmaschinen, die Montagebänder, das Roboterlackieren, die Prüfeinrichtungen usw. Die Frage scheint mir außerordentlich schwierig, aber auch sehr aktuell zu sein: Wird es möglich sein, aus der unangenehmen Klemme herauszukommen, zunehmend hektischen Marktbedingungen bei Großserienprodukten durch eine solche Flexibilität wirtschaftlich begegnen zu können?

Herr Weck: Herr Kollege Pischinger, es ist so, daß die deutschen Automobilfirmen, mit denen wir wie auch Sie sehr engen Kontakt pflegen, sehr stark daran arbeiten, ihre Anlagen flexibler zu gestalten. Es ist kaum möglich, wie Sie schon sagten, flexible Karosserie- und Preßwerkzeuge zu bauen, aber man muß sich wundern, wie schnell heute in Pressenstraßen die Werkzeuge in den Pressen umgerüstet sind. Es vergeht kaum eine Stunde, und die ganze Pressenanlage ist auf ein neues Teil umgerüstet.

Anders sieht es im Schweißbereich für die Blechkörper, d.h. für den Karosseriebau aus. Hier hat der Einsatz des Roboters schon einen sehr flexiblen Weg gewiesen. Es ist in der Tat heute so, daß man doch sehr viel flexibler ist. Innerhalb kürzester Zeit kann auf andere Teile bzw. auf andere Größen umgestellt werden. Es bleibt dabei immer ein Punkt offen: die Vorrichtung, die das Teil hält. Die Vorrichtung ist in der Regel an das Teil angepaßt und wenig flexibel. Das gleiche Problem findet man übrigens auch beim Gußputzen und all den Tätigkeiten, bei denen man komplexe Teile bearbeiten muß. Die Vorrichtungsaufwendungen werden oft übersehen.

Im Bereich der modernen Fertigung ist die Transferstraße in ihrer Produktivität natürlich nicht zu übertreffen. Im Bereich der Ersatzteilfertigung war es früher gängig, von einem auslaufenden Modell eine gesamte Transferstraße irgendwo anders lauffähig abzustellen, die nur einmal im Jahr für kurze Zeit in Produktion geht, um die Ersatzteile für das ganze Jahr zu fertigen. Danach steht sie wieder still. Das ist natürlich nicht wirtschaftlich. Hier hat sich das flexible Fertigungssystem, das ich vorhin nannte, bei dem Teile in zwangloser Folge über die Anlage geschickt werden, als sehr wirtschaftlich und erfolgreich erwiesen. Alle Automobilfirmen haben oder planen für die Ersatzteilfertigung solche Straßen.

Diese flexiblen Anlagen sind in der Großserienfertigung allerdings nicht wirtschaftlich. Man darf aber auch nicht vergessen, daß die Transferstraßen schon seit langem aus modularen Komponenten bestehen. Es ist also durchaus möglich, allerdings mit nicht unerheblichen Umrüstkosten, dieselbe Transferstraße für andere Motoren zu benutzen.

Ein ähnlicher Wandel hat sich im Bereich der Steuerungstechnik vollzogen. So mußte man früher die gesamte Steuerung in Relaistechnik wegwerfen. Heute ist man durch die speicherprogrammierbaren Steuerungen, die PC bzw. SPS, in der Lage, dieselbe Steuerung wieder zu verwenden.

Die Quintessenz ist also, daß man auch im Automobilbau die Situation erkannt hat.

Herr Dohmen: Herr Kollege Weck, Sie haben das Thema der Ersatzwerkstoffe oder der recyclingorientierten Konstruktionen oder der ersatzwerkstofforientierten Konstruktionen am Beispiel des Kunststoffbetons angeführt. Das ist ein wichtiges Thema, das auch in einem Schwerpunktprogramm der DFG verfolgt wird.

Meine Frage dazu: Wenn Sie diesen Kunststoffbeton einsetzen, haben Sie zweifelsohne auch Bearbeitungsflächen. Nun haben wir es ja bei diesem Kunststoffbeton mit einem Teilchenverbundwerkstoff zu tun, und diese Verbundwerkstoffe bereiten bei der Bearbeitung besondere Schwierigkeiten. Die erste Frage ist: Wie stellen Sie Ihre Bearbeitungsparameter bei diesem Teilchenverbundwerkstoff aus Kunstharzbeton ein?

Zu meiner zweiten Frage. Sie sprachen davon, daß man durch Untergießen Führungsbahnen eingießt und diese dann nicht mehr bearbeitet. Diese Gießharze haben alle mehr oder weniger starke Schrumpfungseigenschaften. Die Frage ist also: Setzen Sie bei diesem Verbundwerkstoff voraus, daß beim Untergießen keine Schrumpfung eintritt? Und wenn Schrumpfung eintritt: Wie können Sie vermeiden, daß diese Schrumpfungen zu einem Verzug der untergegossenen Führungsbahnen führen?

Herr Weck: Was die Bearbeitung angeht, so muß man tunlichst alles vorher überlegen, damit eine solche Bearbeitung nicht mehr stattfindet. Bei einer ausgereiften Konstruktion ist eine solche Nachbearbeitung auch gar nicht mehr nötig. Ich kenne viele Firmen, die mittlerweile ihre Maschinen so weit entwickelt haben, daß sie durch das vorherige Verlegen der Rohrleitungen, Ankleben, Untergießen von Teilen usw. keine einzige Bearbeitung mehr an dem Beton auszuführen brauchen. Die Klebetechnik ist heute auch recht weit fortgeschritten, obwohl man im Augenblick über das Langzeitverhalten noch nicht viel weiß. Darüber hinaus ist man beim Reaktionsharzbeton hinsichtlich seines Langzeitverhaltens auch noch unsicher. Wir haben zwar schon eine Reihe von Versuchen, auch Dauerfestigkeitsversuchen, durchgeführt, z.B. in Form von Wöhlerkurven. Was dieses Material unter einer ständigen statischen und dynamischen Langzeitbeanspruchung z. B. nach zehn, fünfzehn Jahren macht, weiß ich nicht.

Das Schrumpfen hängt sehr stark davon ab, wieviel Kunstharz man hineingibt und welches Kunstharz. Das Epoxidharz verhält sich am günstigsten. Wenn man von einem Harzanteil von weniger als 10% ausgeht, so wird die gesamte Struktur durch die hohe Packungsdichte der Steine bestimmt. Ein Schrumpfen liegt also weit unter 1‰, und das bedeutet, daß große Verzüge nicht stattfinden.

Herr Stupp: Wir haben gehört, welche Möglichkeiten sich bei diesen Bearbeitungsmaschinen ergeben. Mich würde interessieren, welche Voraussetzungen für den Fall gegeben sein müssen, daß das zu bearbeitende Stück nicht ganz den Erwartungen der Maschine entspricht, sei es in der Form, der Oberfläche oder auch durch Werkstoffverwechslungen. Sind das Probleme? Wenn ja: Wie hat man sie im Griff?

Herr Weck: Sie meinen, wenn die Maschine automatisch arbeitet?

Herr Stupp: Ja, wenn ein falsches Teil hineinkommt oder ein Teil schlechterer Qualität, das sich nicht oder nicht so gut bearbeiten läßt, z.B. durch eine Werkstoff-Verwechslung.

Herr Weck: Sie meinen, wenn z.B. in die Maschine ein Teil zur Bearbeitung geleitet wird, das nicht hineingehört?

Ich sagte vorhin schon, eine Möglichkeit besteht darin, daß das Greifsystem schon erkennt, ob es das richtige Teil gegriffen hat. Dann muß die Vorrichtung prüfen, ob das Werkstück richtig sitzt. Wenn das erreicht ist und das Teil auch richtig gespannt ist, könnte die Bearbeitung beginnen. Die ständige Prozeßdiagnose erkennt nun, ob der Werkstoff zufolge der erkannten Schnittkräfte richtig ist. Das Verfahren funktioniert natürlich immer nur, wenn Sie mehrere Werkstücke bearbeiten müssen. In der Einzelfertigung geht das alles nicht. Bei der Fertigung von mehreren Werkstücken werden praktisch die ersten zwei oder drei zum Lernen, d.h. zur Aufnahme repräsentativer Prozeßdaten, benutzt. Diese Daten werden dann für den gesamten weiteren Bearbeitungsprozeß der übrigen Teile mit den aktuellen Daten, beispielsweise dem Verlauf der Schnittkräfte oder der Drehmomente, verglichen.

Sie haben richtig erkannt, man muß den Prozeß auch noch bis zum Ende überwachen, bis zum Ablegen des Werkstücks. Man kann also nicht darauf hoffen, daß alles so läuft, wie man es sich eigentlich denkt; denn die kleinsten Abweichungen können katastrophale Folgen haben.

Herr Staufenbiel: Ich habe zwei Fragen, wobei die erste Frage mit der Hochleistungsbearbeitung zusammenhängt, bei der ja eine erhebliche Konzentration von Leistung und Energie zu erwarten ist. Wie sieht es da mit dem Lärm aus, und zwar sowohl vom Pegel als auch vom Spektrum her? Man kommt dann doch in einen Frequenzbereich, der besonders unangenehm ist.

Herr Weck: In diesem Hörsaal habe ich vor drei Jahren einen Vortrag über den Stand der Technik hinsichtlich der Lärmemission bei Werkzeugmaschinen gehalten. Man muß, wenn man eine Verursacherhierarchie des Verfahrens aufstellt, feststellen, daß die lautesten Maschinen immer noch die Hämmer und Pressen sind. Blechumformung, Hämmern und alles, was kurzfristige Impulse oder Schläge erzeugt, bewirkt starken Lärm. Es ist schwer, gegen diese Verursacher wirkungsvoll anzugehen.

Die Hochgeschwindigkeitsbearbeitung ist zunächst nicht so furchtbar laut; das ist nicht das Problem. Auch die hohen Tourenzahlen der Lager, wenn sie fehlerfrei laufen, sind problemlos. Was sich nach außen meist lautstark bemerkbar macht, sind z.B. die Lüfter der Motoren. Diese kann man durch eine geschickte Teilung der Lüfterflügel und auch durch Kapselung in den Griff bekommen.

Eine zweite wichtige Geräuschquelle ist der Bearbeitungsprozeß selbst. In sehr vielen Fällen bewirkt das Werkstück einen Verstärkereffekt. Der Fräser beispielsweise mit seinen Fräsereingriffsstößen trifft nahezu immer eine Platteneigenschwingung und -eigenfrequenz. Das bedeutet natürlich Lärm. Allein der werkstückbedingte Einfluß kann bis zu 20 dB über dem Maschinengeräusch liegen. Was die sehr hohen Spindeldrehzahlen angeht – wir haben jetzt gerade Spindeln mit 15 000 Umdrehungen pro Minute auf dem Prüfstand –, so möchte ich behaupten, daß man sie zwar hört, aber ihre Geräuschemission ist nicht so bedeutend.

Herr Staufenbiel: Mit der zweiten Frage knüpfe ich an das Flußdiagramm an, das Sie, glaube ich, als erstes gebracht haben, wonach mit 6% eigentlich gar nichts mehr übrigbleibt an produktiver Zeit. Da hat mich gewundert, daß die Automatisierung des Bearbeitungsprozesses so gut wie gar keine Vorteile bringt. Ich glaube, es wurden zu den 6% lediglich noch 2% zugeschlagen.

Herr Weck: In diesem Bild ist beispielsweise der Sprung der Hochgeschwindigkeitsbearbeitung beim Aluminium nicht enthalten. Der sähe anders aus. Hier stand die Stahlbearbeitung im Vordergrund.

Herr Staufenbiel: Ist hier die Zahl der produktiven Maschinenstunden überhaupt das richtige Maß? Sie haben doch bei Automatisierung eine höhere Produktionsrate an Teilen, an bearbeiteten Werkstücken. Insofern ergibt es vielleicht ein falsches Bild, wenn man nur die produktive Stundenzahl bewertet. Wenn eine Maschine acht Stunden betrieben wird, dann kommen natürlich nur acht produktive Stunden heraus, ob der Prozeß automatisiert wird oder ob er manuell läuft. Deshalb ist da von daher natürlich kein Vorteil zu sehen; der muß an anderer Stelle herauskommen, aber an welcher Stelle?

Herr Weck: Sie haben recht. Zunächst einmal würde ich beim Einschichtbetrieb zum Beispiel durch die automatische Beschickungseinrichtung nicht sehr viel gewinnen, wenn Sie das meinen.

Herr Staufenbiel: Ja. An Stunden bekommen Sie nicht mehr heraus. Die acht Stunden sind vorgegeben.

Herr Weck: Aber die automatische Beschickungseinrichtung weigert sich nicht, auch nachts zu arbeiten. So wird die Anlage in der zweiten und dritten Schicht wieder voll nutzbar und wir gewinnen viele Produktionsstunden hinzu.

Herr Staufenbiel: Aber Sie produzieren doch mehr, und zwar unter Umständen komplizierte Werkstücke.

Herr Weck: Sie haben recht, durch die Automation und durch die Anwendung leistungsfähigerer Technologien werden die Fertigungsanlagen produktiver.

Darüber hinaus müssen wir erkennen, daß heute die Maschinen in den meisten Fällen nachts nicht laufen. Sie finden niemanden, der bereit ist, die Maschine nachts mit Werkstücken zu versorgen.

Herr Bauer: Herr Professor Weck, weder von Ihnen noch von Herrn Professor König habe ich einen Parameter gehört, der für den Betriebsmann oft entscheidend ist: Kühl- und Schmiermittel.

Sobald von den üblichen zu Hochgeschwindigkeitsverfahren übergegangen wird, potenziert sich die Aufgabe der rechtzeitigen und ausreichenden Abführung der dabei freiwerdenden Energie. Es entstehen wesentlich andere, höhere Temperaturen; sowohl die Ausführung der Oberflächen wie die Standzeiten der Werkzeuge sind entscheidend von der Abführung der Wärme abhängig, damit von den eingesetzten Schmier- und Kühlmitteln.

Welche Lösungen haben Sie dafür anzubieten? Es könnte sonst eine erfreuliche Weiterentwicklung der Maschinentechnik sein, die jedoch dann das Schmiermittel zum neuen, nächsten Schwachpunkt werden läßt.

Herr König: In der Tat ist das Schmiermittel bei diesen Prozessen entscheidend, aber nicht nur in den Hochgeschwindigkeitsbereichen. Es ist eigentlich erstaunlich, daß man bei sehr modernen Anlagen heute noch oft Röhrchen sieht, die Literleistungen haben wie etwa in Brüssel das Männeken Piss. Man möge mir verzeihen, aber so kann man das deutlich machen. Jedoch hat sich bei Maschinenkonzeptionen im Hinblick auf die Literleistung und die Zuführsysteme in der letzten Zeit viel getan.

Was die Hochgeschwindigkeitsbearbeitung angeht, so hängt das wirklich entscheidend von der Kühl- und Schmiermittelzuführung ab, die, wie Sie gesehen haben, im Einzelfall auf das einzelne Stück angepaßt werden muß, wenn man zu Extremleistungen kommt, wie ich sie hier genannt habe. Das ergibt naturgemäß eine gewisse Beschränkung im Hinblick auf die Teilevielfalt, die man hier bearbeiten kann.

Herr Eichhorn: Herr Kollege Weck, wie weit ist eigentlich dem Roboter schon der sichere Griff in die Kiste mit den unsortierten Teilen gelungen?

Herr Weck: Man kann Beispiele aus Deutschland und Japan nennen. Wir selbst haben uns auf dem Gebiet direkt nicht engagiert. Das Problem ist einzig und allein darin zu sehen, daß die komplexen Teile in ihren unterschiedlichen Lagen nicht erkannt werden. Die Auflösung der Fernsehtechnik, ihre Tiefenschärfe, aber auch die Unterscheidung durch die Grautonabstufung oder durch die Farbe ist in komplexen Fällen unzureichend.

Für einfachere Aufgaben gibt es praktikable Lösungen. Gelöst ist beispielsweise schon seit langem das Erkennen unterschiedlicher Teile auf Förderbändern. Hier liegen die Teile wenigstens schon einmal in einer Ebene. Teilart, Lage und Orientierung auf dem Band wird gut erfaßt. Sobald die Teile aber wirr im Raum durcheinanderliegen, ist ein sicherer Griff wirtschaftlich noch nicht möglich.

Nach meiner Auffassung ist der Aufwand, dieses zu lösen – es ist sicherlich eine reizvolle Aufgabe –, in den meisten Fällen gar nicht angebracht. Man kann nämlich beispielsweise durch eine Vereinzelung im Vorfeld und dann über Förderbänder durchaus dem Roboter die Teile in einer definierten Lage anbieten, so daß er sie ohne Schwierigkeiten greifen kann.

Herr Moeller: Ich habe noch eine Frage zum Thema der Werkzeugschneide beim Fräser und zum Erliegen derselben während des Programmablaufs. Welche Möglichkeit sehen Sie? Wollen Sie über programmierte Schneiden-Meßkontrolle oder, wie Sie schon sagten, Ratterschwingungssensoren oder über Schnittkräfteabgleich oder so etwas ähnliches gehen? Was wird da praktisch möglich sein?

Herr Weck: Es ist schon viel gemacht worden, auch bei Herrn Kollegen König. Man hat versucht, den Fräser in eine Position zu bringen und dort einzelne Schneiden abzumessen, abzutasten.

Herr Moeller: Das ist sehr ungenau.

Herr Weck: Zur Verschleißmessung muß man aus dem Prozeß herausfahren und das Werkzeug vermessen. Es ist in dieser Zeit nicht mehr aktiv. Beim Drehen – das haben wir vorhin bei dem Beispiel gehört – ist eine In-Prozeßmessung möglich. Sie kontrollieren eine Schneide, indem man den Schnittkraftverlauf verfolgt. Damit können Sie dann Aussagen über den Werkzeugzustand machen.

Beim Fräser besteht das Problem, daß prozeßbedingt schon dynamische Signale durch die Messereingriffsstöße vorliegen. Den Ausbruch einer einzelnen Schneide herauszufinden, ist sehr schwer.

Im Moment arbeiten wir an der Auswertung dynamischer Signale, sei es in Form von Körperschall oder in Form von Luftschall. Die ersten Ergebnisse haben gezeigt, daß man hier doch recht komplexe Signale vorliegen hat. Wenn man den Körperschall im Auge behält, darf man nicht vergessen, daß der Körperschall vor allen Dingen auch wieder durch die Gestalt des Werkstückes bestimmt wird.

Herr König: Noch eine Ergänzung dazu. Es gibt auch in anderen Institutionen entsprechende Forschungen. In Darmstadt hat sich Herr Kollege Stöferle, der leider verstorben ist, darum bemüht, das auf pneumatischem Wege zu lösen. In Karlsruhe hat Herr Kollege Victor, ebenfalls verstorben, daran gearbeitet, und seine Gruppe setzt die Arbeit fort. Er hat es auf kapazitivem Wege versucht. Aber das sind alles Lösungen, die, wie die Kollegen im Gespräch bestätigen, zum einen kostenintensiv sind und zum anderen diese Aufgabe im Grundsatz im Moment nicht komplett lösen.

Herr Krümmel: Ich bin ein alter Werkzeugmaschinenmann und habe bei aller Hochachtung vor der Elektrotechnik eine Sorge für die Zukunft unserer Werkzeugmaschinen: Elektrotechnik und Werkzeugmaschinenbau sind zwei Welten, und es zeigt sich seit Jahrzehnten, daß die Zuverlässigkeit der Elektroelemente wesentlich geringer als die Zuverlässigkeit der mechanischen Elemente unserer Werkzeugmaschinen ist.

Frage: Wie kann man die Elektrotechnik von der Seite des Werkzeugmaschinenbaues her veranlassen, etwas zuverlässigere Elemente zu machen?

Die zweite Frage: Gibt es aufgrund der sehr starken Verteuerung unserer modernen Werkzeugmaschinen durch die Elektronik und die Elektrotechnik größere Abschreibungsmöglichkeiten in kürzerer Zeit, als es früher der Fall war?

Erfahrungsgemäß sind bis heute die Elektroelemente auf die Dauer gerade beim Zwei- und Dreischichtenbetrieb nicht zuverlässig genug. Ich selbst habe einen Nachformdrehautomaten drei Monate zur vollen Zufriedenheit laufen lassen. Es gab darin keine integrierten Schaltkreise, keinerlei Elektronik, nur Prints mit gedruckten Schaltungen, und diese hatten schon nach drei, vier Monaten Risse in den Lötstellen, so daß der Automat verrückt spielte. Es mußten dann zwei, drei Tage lang Lötstellen nachgelötet werden. Auf der einen Seite waren die gedruckten Schaltungen von dem dünnen Brettchen mit den Vielfachsteckern, auf der anderen Seite Ohmsche, kapazitative und induktive Widerstände. Wenn die Maschine lief, wurde die eine Seite warm/kalt, warm/kalt, das Printbrettchen machte Bewegungen, und nach drei, vier Monaten waren Lötstellen gerissen, ganz zu schweigen von Metalldämpfen in der Luft. Ich weiß, daß in den USA heute alle Elektroniken gekapselt werden, damit keine Metalldämpfe eintreten.

Ich meine, daß wir uns im Werkzeugmaschinenbau nicht zu sehr von der bemerkenswert voranstürmenden Elektrotechnik abhängig machen sollten.

Herr Weck: Ich verstehe Ihre Einwände gegen die Elektronik. Ich selbst bin auch Maschinenbauer, und man merkt auch, daß Sie vom Institut von Herrn Professor Opitz stammen, denn auch er hat immer auf die Elektrotechnik geschimpft.

Herr Krümmel: Ich war fünf Jahre bei einer Elektromaschinenfabrik mit 4000 Mann Belegschaft, habe also da hineingerochen. Schon beim Lackdraht fängt es an. Der Lackdraht, sagt ein Fachmann vom Kabelwerk, hängt in seiner Lebensdauer vom Liebesleben der Maikäfer und vom Feuchtigkeitsgehalt der Luft ab.

Herr Weck: Es ist in der Tat so, daß die Elektronik zu Anfang der NC-Entwicklung ein sehr schlechtes Ansehen hatte. Es gibt Steuerungsfirmen – ich könnte hier einige nennen, bekannte Namen –, die gerade an diesen Anfangsschwierigkeiten zugrunde gegangen sind, sie bauen heute keine Steuerungen mehr. Nun hat man aber aus all diesen schlechten Erfahrungen gelernt, und ich möchte behaupten, daß die heute auf dem Markt angebotenen Steuerungen – von neuen Entwicklungen abgesehen, sie haben immer Anfangsschwierigkeiten und Kinderkrankheiten, das ist klar – schon sehr sicher sind. Ausfallraten von weniger als 2% sind keine Seltenheit. Die Gehäuse sind innen belüftet. Die Elemente fallen also nicht mehr durch Übertemperaturen aus. Die IC's sind unempfindlicher geworden. Auch die Aufhängung der Platinen beispielsweise, die Sie vorhin nannten, ist so sicher, daß keine mechanischen Fehler mehr auftreten, auch bei Erschütterungen. All diese Dinge sind doch heute ausgeräumt, und eine gute Steuerung, würde ich sagen, fällt nicht mehr und nicht weniger aus als der mechanische Teil mit seinen Endschaltern, Hydraulikventilen u. a. m.

Herr Krümmel: Kann man sie denn heute schneller abschreiben?

Herr Weck: Nein. Aber Sie müssen auch sehen, daß die Steuerung nicht mehr den hohen Preis wie früher hat. Als die NC-Technik begann, lag die Steuerung im Preis durchaus in der Größenordnung des mechanischen Teils der Maschine selbst. Die Mechanik der Drehmaschine kostete ca. 120 000,– DM, die Steuerung 140 000,– DM. Heute kostet eine Drehmaschinensteuerung – es kommt natürlich darauf an, wie groß die Stückzahl ist, die der Maschinenhersteller ordert – etwa 15 000,– DM bis 20 000,– DM, mehr nicht.

Herr Krümmel: Aber bei Fräsmaschinen ist es ungefähr noch das gleiche.

Herr Weck: Nein. Ich möchte keine Namen nennen, aber ich weiß, daß die Vierachsensteuerung einer bedeutenden Werkzeugmaschinenfabrik im Einkauf etwa 15 000,– DM kostet und nicht mehr.

Veröffentlichungen der Rheinisch-Westfälischen Akademie der Wissenschaften

Neuerscheinungen 1977 bis 1983

Vorträge N *Heft Nr.*		NATUR-, INGENIEUR- UND WIRTSCHAFTSWISSENSCHAFTEN
264	*Wolfgang Pitsch, Düsseldorf*	Thermodynamik der Eisenmischkristalle
	Bernhard Ilschner, Erlangen	Innere Regelkreise bei der Hochtemperatur-Verformung kristalliner Festkörper
265	*Franz Huber, Seewiesen (Obb.)*	Lautäußerungen und Lauterkennen bei Insekten (Grillen)
		Jahresfeier am 26. Mai 1976
266	*Herbert Giersch, Kiel*	Perspektiven der Entwicklung der Weltwirtschaft
	Norbert Szyperski, Köln	Unternehmungs- und Gebietsentwicklung als Aufgabe einzelwirtschaftlicher und öffentlicher Planung
267	*Hans Brand, Erlangen*	Möglichkeiten und Grenzen einer technischen Nutzung der Sonnenenergie
	Karl-Friedrich Knoche, Aachen	Thermochemische Wasserzersetzungsprozesse
268	*Bartel Leendert van der Waerden, Zürich*	Die vier Wissenschaften der Pythagoreer
	Hans Hermes, Freiburg i. Br.	Hundert Jahre formale Logik
269	*Karl Ernst Wohlfarth-Bottermann, Bonn*	Cytoplasmatische Actomyosine und ihre Bedeutung für Zellbewegungen
	Ernst Zebe, Münster	Anaerober Stoffwechsel bei wirbellosen Tieren
270	*Ronald Mason, Brighton, U. K.*	The Evolution of a Coordination and Organometallic Chemistry of Surfaces
	Max Schmidt, Würzburg	Elementarer Schwefel – neue Fragen zu einem alten Problem
271	*Wolfgang Flaig, Braunschweig*	Fortschritte auf dem Gebiet der Biochemie des Bodens im Bezug zur pflanzlichen Produktion (Übersicht)
	Hermann Kick, Bonn	Probleme der Düngung in der modernen Landwirtschaft
272	*Dietrich W. Lübbers, Dortmund*	Die Sauerstoffversorgung der Warmblüterorgane unter normalen und pathologischen Bedingungen
	Gerhard Neuweiler, Frankfurt/M.	Die Echoortung der Fledermäuse
273	*Ulrich Bonse, Dortmund*	Interferometrie mit Röntgen- und Neutronenstrahlen
	Horst Stegemeyer, Paderborn	Flüssige Kristalle: Strukturen, Eigenschaften und Bedeutung
274	*Kurt Fränz, Ulm*	Humanismus und Technik – Variationen über ein altes Thema
275	*Joseph Rutenfranz, Dortmund*	Arbeitsphysiologische Grundprobleme von Nacht- und Schichtarbeit
	Rainer Bernotat, Meckenheim	Ergonomische Gestaltung von Mensch-Maschine-Systemen
276	*Gerhard Fels, Kiel*	Wiederbelebung der privaten Investitionstätigkeit als wirtschaftspolitische Aufgabe
	Herbert Hax, Köln	Finanzwirtschaftliche Planung in der Unternehmung bei Geldentwertung
277	*Friedrich Liebau, Kiel*	Fortschritte auf dem Gebiet der Kristallchemie der Silikate
278	*Heinrich Kuttruff, Aachen*	Gelöste und ungelöste Fragen der Konzertsaalakustik
	Hermann Schenck, Aachen	Prosperität und Handlungsfreiheit der Stahlindustrie im Kraftfeld konjunktureller und struktureller Bewegungen
279	*Joseph Straub, Köln*	Züchtungsforschung im Dienste der Ernährung
		Jahresfeier am 3. Mai 1978
280	*Heinrich Mandel, Essen*	Die Kernenergie im Spannungsfeld zwischen wirtschaftlicher Nutzung und öffentlicher Billigung
281	*Wolfgang Zerna, Bochum*	Probleme des Spannbetons
	Karl Kordina, Braunschweig	Über das Brandverhalten von Bauteilen und Bauwerken
282	*Werner H. Hauss, Münster*	Über die Möglichkeit, Koronarsklerose und Herzinfarkt zu verhüten und zu behandeln
	Ludwig E. Feinendegen, Jülich	Externe Messung von Herzstruktur und -funktion
283	*Gotthilf Hempel, Kiel*	Meeresfischerei als ökologisches Problem
	Eugen Seibold, Kiel	Rohstoffe in der Tiefsee – Geologische Aspekte
284	*Heinz-Günther Wittmann, Berlin*	Ribosomen und Proteinbiosynthese
285	*Helmut Domke, Aachen*	Sicherungsmaßnahmen gegen Bergschäden und Erdbeben
	Friedrich-Wilhelm Gundlach, Berlin	Der Einfluß des Regens auf die Ausbreitung von Mikrowellen
286	*Horst Rollnik, Bonn*	Ideen und Experimente für eine einheitliche Theorie der Materie
287	*John C. Harsanyi, Berkeley, Bonn*	A new solution concept for both cooperative and noncooperative games
	Reinhard Selten, Bielefeld	Experimentelle Wirtschaftsforschung

288	*Friedrich Hund, Göttingen*	Die Rolle des Dualismus Welle-Teilchen beim Werden der Quantentheorie
	Claus Müller, Aachen	Neue Verfahren zur Lösung der elliptischen Randwertprobleme der Mathematischen Physik
289	*Ulrich Hütter, Stuttgart*	Moderne Windturbinen
	Rudolf Schulten, Jülich	Kernenergietechnik heute
290	*Paul Arthur Mäcke, Aachen*	Planerische Möglichkeiten für einen humanen Stadtverkehr
	Karlheinz Roik, Bochum	Schrägseilbrücken – Beispiele und Entwicklungstendenzen im modernen Stahlbrückenbau
291	*Stefan Vogel, Wien*	Florengeschichte im Spiegel blütenökologischer Erkenntnisse
	Walter Larcher, Innsbruck	Klimastreß im Gebirge – Adaptationstraining und Selektionsfilter für Pflanzen
292	*Günther Gerisch, Basel*	Periodische Enzymaktivierung als Kontrollfaktor multizellulärer Entwicklung
	Jens Blauert, Bochum	Neuere Ergebnisse zum räumlichen Hören
293	*Franz Grosse-Brockhoff, Düsseldorf*	Herzbehandlung mit dem ‚Fingerhut' einst und jetzt
294	*Norbert Kloten, Stuttgart*	Das Europäische Währungssystem. Eine europäische Grundentscheidung im Rückblick
295	*Karl Schindler, Bochum*	Die Magnetosphäre der Erde und ihre Dynamik
296	*Eugene P. Cronkite, New York*	The hungry granulocyte – Its fate and regulation of production
297	*Volker Aschoff, Aachen*	Aus der Geschichte der Telegraphen-Codes
	Hans Dieter Lüke, Aachen	Moderne Probleme der Nachrichten-Codierung
298	*Karl Kremer, Düsseldorf*	Kunststoffe in der Chirurgie
	Gerd Meyer-Schwickerath, Essen	Augenoperationen in mikroskopischen Dimensionen
299	*Wolfgang Backé, Aachen*	Die Rolle der Fluidtechnik bei der Entwicklung neuartiger Maschinenkonzepte
	Rolf Staufenbiel, Aachen	Entwicklung des zivilen Luftverkehrs unter den Aspekten der Umweltbelastung und dem Zwang von Energieersparnis
300	*Hans Adolf Krebs, Oxford*	On asking the right kind of question in biological research
	Jozef Schell, Köln	Neue Aussichten für die Pflanzenzüchtung: Gen-Übertragung mit dem Ti-Plasmid
301	*Gerhard M. Schneider, Bochum*	Fluide Mischungen bei hohen Drücken
	Albrecht Maas, Bonn	Direktbeobachtung und Analyse von Kristallwachstumsvorgängen im hochauflösenden Transmissions-Elektronenmikroskop
302	*Albrecht Rabenau, Stuttgart*	Lithiumnitrid und verwandte Stoffe
	Ulrich Wannagat, Braunschweig	Sila-Substitutionen
303	*Hans K. Schneider, Köln*	Wirtschaftliches Wachstum – trotz erschöpfbarer natürlicher Ressourcen? Jahresfeier am 11. Juni 1980
304	*Hermann Flohn, Bonn*	Kohlendioxyd, Spurengase und Glashauseffekt: ihre Rolle für die Zukunft unseres Klimas
305	*Heinz Duddeck, Braunschweig*	Die Entwicklung der technischen Wissenschaft ‚Tunnelbau'
	Wolfgang Zerna, Bochum	Tanks für kryogene Flüssigkeiten
306	*Harald Schäfer, Münster*	Der Einfluß von Gasen auf die Reaktionsfähigkeit fester Stoffe
	Herbert Döring, Aachen	75 Jahre Hochvakuumelektronenröhren
307	*Hans J. Zassenhaus, Ohio*	Über die konstruktive Behandlung mathematischer Probleme
	Max Koecher, Münster	Von Matrizen zu Jordan-Tripelsystemen
308	*William F. Pohl, Minnesota*	The Application of Global Differential Geometry to the Investigation of Topological Enzymes and the Spatial Structure of Polymers
	Lothar Jaenicke, Köln	Chemotaxis – Signalaufnahme und Respons einzelliger Lebewesen
309	*Harald Ibach, Jülich/Aachen*	Zur Physik und Chemie der Festkörperoberfläche
310	*Edmond Malinvaud, Paris*	La profitabilité comme facteur de l'investissement
	Burkart Lutz, München	Einige Aspekte von Theorie und Empirie segmentierter Arbeitsmärkte
311	*Jürgen Schmitt, Aachen*	Der Mensch im elektromagnetischen Feld
	Günter Rau, Aachen	Ergonomie in der Medizin
312	*Klaus Heckmann, Münster*	Über *omikron*-Partikel und andere Symbionten von Ciliaten
	Detlev Riesner, Düsseldorf	Viroide: Struktur und Funktion der kleinsten Krankheitserreger
313	*Sven Effert, Aachen*	Arrhythmien des Herzens
314	*Kurt Schmidt, Mainz*	Verlockungen und Gefahren der Schattenwirtschaft
315	*Eckart Reiche, Krefeld*	Tagebau Hambach: Voraussetzungen – Probleme – Lösungen
	Hans-Ulrich Schmincke, Bochum	Vulkane und ihre Wurzeln
316	*Roland Kammel, Berlin*	Umweltschutz durch Abwasserelektrolyse
	Ernst-Ulrich Reuther, Aachen	Zur Problematik tiefer Bergwerke
317	*Wilfried König, Aachen*	Fertigungstechnologie in den neunziger Jahren
	Manfred Weck, Aachen	Werkzeugmaschinen im Wandel

ABHANDLUNGEN

Band Nr.		
33	*Heinrich Behnke und Klaus Kopfermann (Hrsg.), Münster*	Festschrift zur Gedächtnisfeier für Karl Weierstraß 1815–1965
34	*Joh. Leo Weisgerber, Bonn*	Die Namen der Ubier
35	*Otto Sandrock, Bonn*	Zur ergänzenden Vertragsauslegung im materiellen und internationalen Schuldvertragsrecht. Methodologische Untersuchungen zur Rechtsquellenlehre im Schuldvertragsrecht
36	*Iselin Gundermann, Bonn*	Untersuchungen zum Gebetbüchlein der Herzogin Dorothea von Preußen
37	*Ulrich Eisenhardt, Bonn*	Die weltliche Gerichtsbarkeit der Offizialate in Köln, Bonn und Werl im 18. Jahrhundert
38	*Max Braubach, Bonn*	Bonner Professoren und Studenten in den Revolutionsjahren 1848/49
39	*Henning Bock (Bearb.), Berlin*	Adolf von Hildebrand, Gesammelte Schriften zur Kunst
40	*Geo Widengren, Uppsala*	Der Feudalismus im alten Iran
41	*Albrecht Dihle, Köln*	Homer-Probleme
42	*Frank Reuter, Erlangen*	Funkmeß. Die Entwicklung und der Einsatz des RADAR-Verfahrens in Deutschland bis zum Ende des Zweiten Weltkrieges
43	*Otto Eißfeld, Halle, und Karl Heinrich Rengstorf (Hrsg.), Münster*	Briefwechsel zwischen Franz Delitzsch und Wolf Wilhelm Graf Baudissin 1866–1890
44	*Reiner Haussherr, Bonn*	Michelangelos Kruzifixus für Vittoria Colonna. Bemerkungen zu Ikonographie und theologischer Deutung
45	*Gerd Kleinheyer, Regensburg*	Zur Rechtsgestalt von Akkusationsprozeß und peinlicher Frage im frühen 17. Jahrhundert. Ein Regensburger Anklageprozeß vor dem Reichshofrat. Anhang: Der Statt Regenspurg Peinliche Gerichtsordnung
46	*Heinrich Lausberg, Münster*	Das Sonett *Les Grenades* von Paul Valéry
47	*Jochen Schröder, Bonn*	Internationale Zuständigkeit. Entwurf eines Systems von Zuständigkeitsinteressen im zwischenstaatlichen Privatverfahrensrecht aufgrund rechtshistorischer, rechtsvergleichender und rechtspolitischer Betrachtungen
48	*Günther Stökl, Köln*	Testament und Siegel Ivans IV.
49	*Michael Weiers, Bonn*	Die Sprache der Moghol der Provinz Herat in Afghanistan
50	*Walther Heissig (Hrsg.), Bonn*	Schriftliche Quellen in Mog̊olī. 1. Teil: Texte in Faksimile
51	*Thea Buyken, Köln*	Die Constitutionen von Melfi und das Jus Francorum
52	*Jörg-Ulrich Fechner, Bochum*	Erfahrene und erfundene Landschaft. Aurelio de' Giorgi Bertòlas Deutschlandbild und die Begründung der Rheinromantik
53	*Johann Schwartzkopff (Red.), Bochum*	Symposium ‚Mechanoreception‘
54	*Richard Glasser, Neustadt a. d. Weinstr.*	Über den Begriff des Oberflächlichen in der Romania
55	*Elmar Edel, Bonn*	Die Felsgräbernekropole der Qubbet el Hawa bei Assuan. II. Abteilung. Die althieratischen Topfaufschriften aus den Grabungsjahren 1972 und 1973
56	*Harald von Petrikovits, Bonn*	Die Innenbauten römischer Legionslager während der Prinzipatszeit
57	*Harm P. Westermann u. a., Bielefeld*	Einstufige Juristenausbildung. Kolloquium über die Entwicklung und Erprobung des Modells im Land Nordrhein-Westfalen
58	*Herbert Hesmer, Bonn*	Leben und Werk von Dietrich Brandis (1824–1907) – Begründer der tropischen Forstwirtschaft. Förderer der forstlichen Entwicklung in den USA. Botaniker und Ökologe
59	*Michael Weiers, Bonn*	Schriftliche Quellen in Mog̊olī, 2. Teil: Bearbeitung der Texte
60	*Reiner Hausherr, Bonn*	Rembrandts Jacobssegen Überlegungen zur Deutung des Gemäldes in der Kasseler Galerie
61	*Heinrich Lausberg, Münster*	Der Hymnus ›Ave maris stella‹
62	*Michael Weiers, Bonn*	Schriftliche Quellen in Mog̊olī, 3. Teil: Poesie der Mogholen
63	*Werner H. Hauss (Hrsg.), Münster, Robert W. Wissler, Chicago, Rolf Lehmann, Münster*	International Symposium 'State of Prevention and Therapy in Human Arteriosclerosis and in Animal Models'
64	*Heinrich Lausberg, Münster*	Der Hymnus ›Veni Creator Spiritus‹
65	*Nikolaus Himmelmann, Bonn*	Über Hirten-Genre in der antiken Kunst
66	*Elmar Edel, Bonn*	Die Felsgräbernekropole der Qubbet el Hawa bei Assuan. Paläographie der althieratischen Gefäßaufschriften aus den Grabungsjahren 1960 bis 1973
67	*Elmar Edel, Bonn*	Hieroglyphische Inschriften des Alten Reiches
68	*Wolfgang Ehrhardt, Athen*	Das akademische Kunstmuseum der Universität Bonn unter der Direktion von Friedrich Gottlieb Welcker und Otto Jahn

Sonderreihe

PAPYROLOGICA COLONIENSIA

Verzeichnisse sämtlicher Veröffentlichungen der
Rheinisch-Westfälischen Akademie der Wissenschaften können beim
Westdeutschen Verlag GmbH, Postfach 30 06 20, 5090 Leverkusen 3 (Opladen),
angefordert werden

GPSR Compliance

The European Union's (EU) General Product Safety Regulation (GPSR) is a set of rules that requires consumer products to be safe and our obligations to ensure this.

If you have any concerns about our products, you can contact us on ProductSafety@springernature.com

In case Publisher is established outside the EU, the EU authorized representative is:

Springer Nature Customer Service Center GmbH
Europaplatz 3
69115 Heidelberg, Germany

Batch number: 10584556

Printed by Printforce, the Netherlands